美国心理学会情绪管理自助读物

成长中的心灵需要关怀·属于孩子的心理自助读物

勇敢站出来！

敢于为自己和他人发声，用智慧化解冲突

Stand Up!
Be an Upstander and Make a Difference

[美] 温迪·L.莫斯（Wendy L.Moss） 著

李胜光 译

化学工业出版社

·北京·

Stand Up!: Be an Upstander and Make a Difference, by Wendy L. Moss.
ISBN 978-1-4338-2963-5

Copyright © 2019 by Magination Press, an imprint of the American Psychological Association.

This Work was originally published in English under the title of: **Stand Up!: Be an Upstander and Make a Difference** as publication of the American Psychological Association in the United States of America. Copyright © 2019 by the American Psychological Association (APA). The Work has been translated and republished in the **Simplified Chinese** language by permission of the APA. This translation cannot be republished or reproduced by any third party in any form without express written permission of the APA. No part of this publication may be reproduced or distributed in any form or by any means, or stored in any database or retrieval system without prior permission of the APA.

本书中文简体字版由American Psychological Association授权化学工业出版社独家出版发行。

本书仅限在中国内地（大陆）销售，不得销往中国香港、澳门和台湾地区。未经许可，不得以任何方式复制或抄袭本书的任何部分，违者必究。

北京市版权局著作权合同登记号：01-2022-5991

图书在版编目（CIP）数据

勇敢站出来！：敢于为自己和他人发声，用智慧化解冲突／（美）温迪·L.莫斯（Wendy L. Moss）著；李胜光译． —北京：化学工业出版社，2024．3
（美国心理学会情绪管理自助读物）
书名原文：Stand Up!: Be an Upstander and Make a Difference
ISBN 978-7-122-44560-5

I.①勇… II.①温… ②李… III.①心理学－青少年读物 IV.①B84-49

中国国家版本馆CIP数据核字（2023）第229039号

责任编辑：郝付云　肖志明　　　　　　　装帧设计：大千妙象
责任校对：宋　玮

出版发行：化学工业出版社（北京市东城区青年湖南街13号　邮政编码100011）
印　　装：中煤（北京）印务有限公司
710mm×1000 mm　1/16　印张8¾　字数87千字　2024年5月北京第1版第1次印刷

购书咨询：010-64518888　　　售后服务：010-64518899
网　　址：http://www.cip.com.cn
凡购买本书，如有缺损质量问题，本社销售中心负责调换。

定　价：39.80元　　　　　　　　　　　　　　　　　　　　　版权所有　违者必究

译者序

每当谈起孩子的教育问题，往往都会戳中无数父母的痛点。作为一名心理学工作者，我同样也面临着诸多挑战。孩子已步入传说中可怕的青春期，独立意识明显增强，不愿受束缚，身心发展的不平衡注定了各种冲突不可避免。冲突的背后是人与人之间的相处之道，这是一个永恒的话题，也是一个永恒的难题。虽然我对她的"叛逆"已有预期，也有反思，但偶尔也抑制不住来自大脑深处杏仁核的冲动。由于孩子喜欢看心理学方面的书籍，所以我就想，与其讲空泛的大道理，不如送她一本注重实操性的心理自助读物，或许更能帮助她认清自己，学会共情和换位思考，知道如何去关心别人，帮助别人，在面临挫折和冲突时知道如何应对，更明白如何一步步地实现那些切合实际的目标而非追寻缥缈的憧憬和幻想。值得庆幸的是，经同事推荐，化学工业出版社引进美国心理学会的这本书正契合我的想法。这是我决定翻译这本书的最主要原因。另外，我前些年参与了一项关于共情神经机制的基础研究，对共情背后的秘密有了进一步的认识。但诸如此类研究如何应用于日常生活还是需要更多的探索。在这个容易焦虑的时代，如何保持一颗初心，并且有一番作为，我们和孩子都急需一些指导。国内市面上不乏优秀的儿童心理书籍，但大多都是给家长看的。儿童和青少年自己就能读懂的优秀心理自助读物并不多见。本书的作者温迪·L.莫斯博士在临床心理学领域有30多年工作经验，出版了多部儿童心理自助读物，融知识性、理论性和实用性于一体，很适合孩子自己阅读。这是我想翻译此书并分享给大家的另一个原因。

值得一提的是，本书作者除了在每个章节的开始安排了一个小测验，方便小读者对自己的情绪状态和能力水平有一个客观的认识外，还列举了许多发生在一些孩子身上的真实案例，启发小读者去思考，并提出了很多操作性很强的建议，方便孩子应用到实际生活和学习中。

在本书的翻译过程中，中国科学院心理研究所李甦研究员给予了技术指导，衷心感谢她提出的宝贵意见。同时也感谢对外经济贸易大学附属中学的李姝涵同学，她在通读译作初稿后提出了关于语言风格方面的修改意见。翻译本书的过程也是译者不断学习和成长的过程。细酌之余，译者觉得书中不少建议同样也适用于成年读者。

无论我们怎么为自家的"神兽"烦恼，这个世界的未来终究是他们的。中华民族"穷则独善其身，达则兼济天下"的内在品德和胸怀也必将在他们这一代人身上传承。我相信他们有自己的思考，也有自己的梦想。希望本书对小读者们有所启发，助其一臂之力，让他们多一点自信，少一些困惑，明白如何善待自己、关心他人，并早日圆梦！

中国科学院心理研究所

李胜光

前 言

你想让我们的世界变得更加美好吗？或许你想改变同学之间或者家人之间相处的方式；或许你想改变人们对待某一群人的态度；或许你想阻止人们虐待动物或消除世界上的贫困与饥饿；或许你想改变自己愤怒时对待他人的粗暴方式，毕竟，你也会犯错。

这个世界确实需要有人去改变。你想成为这样的人吗？如果是的话，请继续往下读吧。

你可能会怀疑，青少年真的能改变这个世界吗？要知道成年人为了世界和平还在不懈努力。当然，你不可能像神奇女侠那样自由飞翔，也不可能像蜘蛛侠那样飞檐走壁，但你可以成为一些人眼里的英雄，你的大胆直言以及为这个世界做出的小小努力都会带来越来越多的改变。

在这本书中，你将学会如何成为一个挺身而出的人。一个挺身而出的人是能站出来支持公平和尊重原则的人，也是一个竭力想减少欺凌和不公的人。如果你相信自己，愿意学习新的技能，并设定现实可行的目标，那么，你已经走在实现目标的路上了。

你很快就会看到一些积极乐观的孩子，即使周围的人并不总是相信他们或者他们所追求的目标起初看起来似乎无法实现。书中的案例是我根据这些年与众多孩子的交谈汇编而成，他们分享的经历和思考在很多像你一样的孩子中很常见，他们想在当地或者更大的世界里有一番作为。希望你能从中找到一些适合你的建议和策略。此外，你也有机会在书中读到历史上的一些真实人物，比如马丁·路德·金，他为谋求黑人的平等和公平待遇做出了巨大的贡献。

这本书还会教给你一些方法，帮助你成为挺身而出的人，比如，善待自己，对他人有同理心，知道积极行为和消极行为的力量会影响别人，学会化解冲突。你也将学会如何区分可实现的目标和当前难以实现的目标。挺身而出的人知道如何考量规则，从而判断它是否公平；知道解决问题的方法，并且明白如何与人协作完成共同的目标。你可以通过很多实际行动来展现你积极的品质，成为尊重他人的榜样，而这本书正为你提供了这样的机会，让你从中学会这些技能。

当你打开这本书时，你已经迈出了改变世界的第一步。感谢你对他人的关心，更感谢你为追求这个积极目标所付出的努力！

目 录

第一章　挺身而出：为自己和他人勇敢站出来

三种旁观者　/ 006

挺身而出者能做的事情　/ 013

应对欺凌　/ 014

挺身而出的人就很完美吗？其实并不是！　/ 017

第二章　学会善待自己

了解自己的情绪　/ 024

积极的自我对话　/ 028

应对挫折　/ 029

建立自信　/ 032

第三章　帮助别人前先提升自己的能力

共情能力　/ 040

换位思考　/ 042

利他　/ 044

善良　/ 047

微笑的力量　/ 049

第四章　善良和愤怒会传染

中断愤怒的连锁反应　/ 056

善良会传染　/ 057

如何传播善良　/ 060

生气时保持冷静　/ 063

打破刻板印象　/ 065

第五章 化解冲突的七种实用方法

不同的冲突需要不同的处理方式 / 073
应对校园冲突 / 075
消极型、攻击型和自信型的沟通模式 / 077
掌握沟通技巧 / 078
"我"的力量 / 081
谈判与妥协 / 083
学会求助 / 084

第六章 不公平,怎么办?

规则公平吗? / 092
你能改变一些不公平的规则吗? / 096
改变从制订目标开始 / 096
遇到挫折怎么办? / 098
坦然接纳你能改变的和不能改变的 / 101

第七章 如何制订计划并实现目标

把目标分解成容易实现的小步骤 / 108
制订实施计划 / 110
要有足够的耐心 / 111
一人还是团队 / 113
敢于拒绝 / 114
毅力和条理性 / 115
重新评估目标和计划 / 116
寻求帮助 / 117

第八章 头脑风暴:我能做什么?

家里:如何让家里更有爱 / 122
学校:帮助同学同时要保护好自己 / 123
社区:力所能及,乐于助人 / 125
更大的世界:有效制订计划,实现目标 / 127

小结 / 130

第一章
挺身而出：为自己和他人勇敢站出来

如果我们相处融洽、互相尊重，没有欺凌和战争，并且相互关心，你能想象这样的世界将有多美好吗？ 虽然这是一个宏伟的目标，但是我们每个人都有能力让世界变得更好，当然也可能更糟。那你想让自己、你认识的人、世界上的其他人和事情变得更好吗？你不一定要等长大了才能去做，你现在就可以。

让我们看看你日常生活中会如何帮助自己和他人。你会为支持公平和正义而勇敢站出来吗？你想知道该如何更有效地做到这一点吗？如果你还未曾向别人伸出援助之手，但你想知道怎么做，这本书就能帮助你。

在很多社交场合，比如在学校里、朋友家、体育活动现场，你可能看到成年人所看不到的东西，因为大人不在场的时候，有些孩子会故意嘲笑或惹恼别人。有时候，虽然被欺负的孩子不会找大人帮忙，但是你知道他们会感到难过、困惑或焦虑。有时你会发现有些规则对所有人都不公平，而你想改变这些规则。如果你遇到这种情况，你会如何处理？换句话说，你会是哪种旁观者呢？

先试着做做下面的小测验来弄清楚吧。每道题目有三个选项，请选出与你的情况最接近的一项。这不是考试，答案没有对错之分。希望它能帮助你开始思考如何处理身边的各种状况。

小测验

1. 课间休息时,你看见几个女生在嘲笑你们年级的另一个女生,说她没有朋友,也永远不会有朋友,因为她太古怪了,你会:

    a. 转身离开,因为你不想让这个女生觉得你也要嘲笑她。

    b. 保持微笑,因为你担心这些女生也来嘲笑你。

    c. 想方设法去帮助这个女生,即使你不知道该怎么办。

2. 当你看到一个有关社会问题的视频或者广告时,比如看到被虐待的动物、无家可归的人或者有重大疾病的儿童,你会:

    a. 切换和回避这些内容,因为你不想因此感到难过。

    b. 拿这个事情和你的朋友开玩笑。

    c. 认为有一天你会去帮助那些需要帮助的人和动物。

3. 你每天乘校车去上学,都会发现一个小男孩独自坐着,没有人和他说话。你会:

    a. 假装他没事,不去理他,只顾着跟你的朋友玩。

    b. 和朋友谈论这个男孩,试着想象一下他怎么了。

    c. 想想自己能为他做些什么,看看他独自坐那儿是否没事。

4. 如果你得知你的朋友被人嘲笑他没有爸爸,你会:

    a. 假装没看见,放学后再找他出去,这样没人知道你们是朋友。

b. 当别人拿此事开玩笑时你也会笑笑,但不当着这位朋友的面笑。

c. 你会告诉其他孩子,取笑别人不好玩,也很不友善。

5. 你们年级有个女生有语言表达问题,经常读错单词,而且有点害羞。在课间休息时,你听到两个非常受大家欢迎的同学在模仿她,并哈哈大笑。当这个女生走过时,你发现她听到了他们的调侃,她哭着走开了。你会:

a. 远离那些正在开玩笑的同学,因为你知道他们做错了。

b. 当别人模仿她时你也会笑笑,你认为她可能习惯了被调侃,而且她确实应该说得清楚一点。

c. 积极主动跟她打招呼,让她知道并不是每个人都会嘲笑她。

如果你的回答大多是"a",那你很可能是这样的旁观者:不会让他人的处境变得更为艰难,但也不会去阻止消极结果的产生。

如果你的回答大多是"b",那你很可能是这样的旁观者:无意或故意地造成了一个消极的结果。

如果你的回答大多是"c",那你可能就是一个挺身而出的人,想努力阻止消极结果的产生。

三种旁观者

好消息是，当你看到不公平的事情或者有人很沮丧时，如果你对自己的做法不满意，你是有机会转变自己的旁观者身份的。旁观者不是那个制造问题的人，他就在那里，观察别人感受到的情况，比如支持、关心、孤立、拒绝、被嘲笑等。

许多人在谈起旁观者时会想到欺凌的情况。这本书将引导你思考，除了欺凌，在其他状况下你该如何做出恰当的反应。要知道，不是所有的事情都是消极的。例如，如果你的一位朋友赢得了拼写比赛，你会恭喜他并主动帮他练习，为下次比赛做准备，还是会忽略他的成就？你会不会因为嫉妒而完全忽视你的朋友呢？你看，即使遇到积极的事情，你也要选择如何回应你周围的世界。

在看完这本书后，三种类型的旁观者都将知道如何积极面对所遇到的问题，克服挺身而出时的恐惧，摆脱自我怀疑，明白什么时候需要求助。

中立的旁观者

这一类旁观者不想把问题变得更糟糕，但也不会做任何事情来解决问题。他们的行为是中立的。在小测验中，选项"a"描述了这类行为。

旁观者持中立的态度，可能是因为他们：

- 害羞敏感（他们不愿意说话或者担任领导角色）。
- 深信他人会比自己处理得更好。
- 不知道如何处理这种情况。
- 没有留意到这个情况或问题。
- 如果去帮助被欺负的人，他们害怕自己会成为下一个被欺凌的目标（目标指的是一个被选中的人，类似于受害者，但受害者已没有选择的余地。目标还可以有一些选择，尤其是有你的帮助）。

有些人对不公平的事情漠不关心，或者他们眼里只有快乐时光和朋友。然而，我们只是假设所有中立的旁观者都不在乎公平与否，这只是我们对他们行为的一个预判。实际上，他们可能想帮忙，只是不知道怎么帮而已。

消极的旁观者

有些旁观者的行为可能会导致消极的结果。如果你在小测验中选择了几个"b"选项，这只是描述了你的行为，并不意味着你是一个欺凌者，也不意味着你想让别人感到不舒服。

你也许会感到疑惑，为什么这些旁观者会让消极的局面变得更加糟糕呢？当有人受到不公平的对待时，这些旁观者看起来貌似很开心，但并不意味着他们有意伤害他人。有时候，某些旁观者知道有人打算惹怒或者欺凌别人时，他们会选择保守这个秘密，因为这样会让他们觉得自己很特别，或者因为他们很焦虑，不知道自己能做些什么。

他们的行为可能会导致消极的局面，因为他们：

- 想让那些欺凌者喜欢他们，这样他们就不会受到欺负了。
- 不知道还能做些什么。
- 很紧张，跟着起哄只是掩饰内心的不安，不是真的快乐。
- 觉得应该对朋友忠诚，即使他的朋友正在欺负别人。
- 害怕如果不和那些欺凌者一起玩，就会没有朋友。

如果你不想成为这类旁观者，你可以问问自己：

- 当我的朋友嘲笑别人时，如果我走开会怎么样？
- 因为我没有跟着朋友一起嘲笑别人，朋友就嘲笑我，他真的是我的朋友吗？
- 真正的朋友会尊重我的感情，跟他在一起我很自豪，我有这样的朋友吗？
- 如果我的朋友在欺负别人，我能通过邀请他参加别的活动或者告诉大人来转移他的注意力吗？
- 当有人被嘲笑或被排斥时，我也跟着起哄，别人会如何看我？

道格拉斯的故事

同学们都认为道格拉斯非常刻薄,他看到同学们被戏弄时很高兴。

但事实上,道格拉斯从未真正戏弄过任何人。

那么,为什么还会有人认为道格拉斯很刻薄呢?

道格拉斯跟雅各布是好朋友。当道格拉斯和他的父母谈起雅各布时,他告诉父母,雅各布是一个很好、很聪明的人,他们在一起玩得很开心。

他没有告诉父母的是,雅各布经常欺负他们年级的两个男生,给他们起绰号,甚至在课间把他们推到墙上。

尽管道格拉斯不喜欢雅各布的这些行为,但是他想成为雅各布的好朋友,所以他无条件支持雅各布。

当雅各布欺凌别人时,道格拉斯只是微微一笑,甚至有时还会哈哈大笑,直至欺凌结束时他才松一口气。

- 你认为道格拉斯是一个恶霸吗?
- 你认为道格拉斯能用别的方式处理这种情况吗?
- 如果你是道格拉斯,你会怎么做?
- 你认为真正的好朋友就是要接受朋友的一切行为吗?

积极的旁观者

这本书的目的就是要帮助读者成为积极的旁观者,也被称为挺身而出的人。他们会为自己和他人勇敢站出来。他们是一群有爱心的人,他们想帮助别人,也愿意帮助别人。当一个人阻止或试图阻止别人被欺负时,他就是一个挺身而出的人。他们不仅在欺凌或虐待等极端情况下会挺身而出,在非极端情况下也会采取行动!在这一章开头的小测验中,他们对大部分问题都会选择"c"。

挺身而出的人一直在努力成为改变生活和世界的榜样。读完这本书后,你将学会如何处理那些你觉得需要改变的情况。你还会学到一些重要的技能来帮助你,比如换位思考、解决冲突和相互协作。

挺身而出的人通常会:

- 主动关心他人。
- 想要一个更加和平和积极的世界。

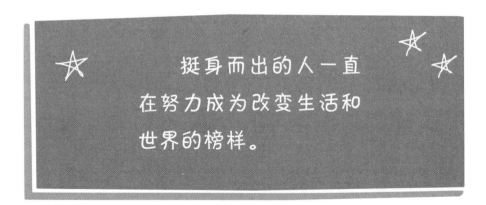

挺身而出的人一直在努力成为改变生活和世界的榜样。

- 有一些想法来维护自己和他人的权益。
- 自信。
- 有一群支持自己的小伙伴和成年人，可以和他们谈论自己的感受和所关注的事情。

令人困惑的是，那些行为中立或者消极的旁观者可能也具有一些积极特征，比如，他们可能也想过要去帮助别人。反过来，那些敢于挺身而出的人也可能遭遇过其他旁观者所面临的心理挑战，也有过不安和焦虑。不同之处在于：即使不一定成功，或者得不到所有人的认可，挺身而出的人也会为维护他人而选择勇敢地站出来。他们更专注于纠正这个世界的错误，并愿意面对焦虑和自我怀疑。

你是一个挺身而出的人吗？你是一个关心周围人需求的榜样吗？你可能不需要面对一个横行霸道的人，但是你要知道别人什么时候需要你的帮助。如果有人向你寻求帮助，同时你也觉得帮助他是安全的、合理的，那你就放心去帮助他吧！

你想让别人知道他们能依靠你吗？既然你正在读这本书，那答案大概是肯定的。这本书可以帮你学会建立一个积极旁观者或挺身而出者该有的声望。想象一下，你给一个生病在家的同学打了个电话，即使你们不是好朋友，你只是让她知道你希望她快点好起来，这也会对她产生积极的影响。不仅如此，你的这一举动对其他知情人也会产生积极的影响。

艾比的故事

艾比努力想成为一个挺身而出的人,她经常帮助别人。她想帮助那些被欺负的人,但这样做让她很紧张。不过,她已经是一个挺身而出的人,因为她关心和支持别人,是其他人的榜样。11岁的奥利维亚是艾比的同学,她有点内向,她只有一个好朋友,但她俩不在一个班里上课。在考试前,奥利维亚发现,因为自己请了一周病假,所以课堂笔记没有记录完整。她看了看全班同学,决定向艾比寻求帮助。她选择艾比是因为艾比总是尊重和接纳别人。艾比待人友善,也很风趣,奥利维亚希望和她成为朋友。

当艾比得知奥利维亚需要帮助时,她原本可以说,"对不起,我得走了",或者"我是记了笔记,但这是我的笔记",或者"我不想帮你"。但艾比看奥利维亚的笔记本是空白的,所以答应当天会复印一份自己的笔记给奥利维亚。

奥利维亚担心艾比会忘记或者不会出现在她们约定的见面地点。不过结果证明她的担心是多余的,艾比如约而至,并给了奥利维亚一份笔记复印件。艾比的一位朋友见此情景后说:"我真不敢相信奥利维亚会和你聊天,她几乎从不和别人说话的。"艾比笑了笑说:"我很高兴她很信任我,并向我请求帮助。"

- 你认为艾比是一个挺身而出的人吗?
- 你会怎么做?

挺身而出者能做的事情

- 如果你看到同学被欺负,请她跟你们走在一起,毕竟欺负一群人要困难得多。
- 如果你们学校有一个被孤立的孩子,请你在一些具体事情上表扬或赞美他。不过不要胡编乱造。你发自内心的赞美会让他觉得自己很特别,并对你心怀感激。你对他的赞美可能会让他一天都感到温暖。
- 学会善待自己和他人。在课堂、课间、体育赛事和公交车上,如果你是一个受人尊敬、诚实坦率的挺身而出者,那其他人也会留意到你可贵的品质。
- 在家也能做一个挺身而出的人。例如,当你的兄弟姐妹争吵时,你做他们的裁判,告诉他们如何通过友好的方式解决矛盾。

> 你发自内心的赞美会让他觉得自己很特别,并对你心怀感激。你对他的赞美可能会让他一天都感到温暖。

- 处理一个对你有意义的问题（比如歧视、嘲讽、欺凌、改变学校规则）。做到这一点很重要。在后面的内容中，你会看到更多解决问题的方法。
- 如果有人需要帮助，只要合适，就主动帮他。如果你愿意为老师搬几本书，或者帮助一个新同学找到他的教室，或者自愿在家做一些额外的家务，说明你有利他的优秀品质。正因为你关心别人，也因为这是正确的事情，所以你愿意去做这些事情。

应对欺凌

如果你看到一个人在骚扰或欺负别人，为了制止他，让他有同理心，你可能会不由自主地大声呵斥他或者当众让他难堪。生气、沮丧甚至愤怒都没有错，但情绪的表达方式很重要。即使你想关心别人并希望制止欺凌，你也不能以暴制暴，欺负欺凌者。

想想那些著名的社会活动家、诺贝尔奖获得者，尽管他们的言行举止温文尔雅，但他们的想法还是被人接受了，比如马丁·路德·金（民权活动家）、马拉拉·优素福·扎伊（支持女孩上学权利的青少年活动家和最年轻的诺贝尔和平奖获得者）和埃利·威塞尔（为人权奔走疾呼的大屠杀幸存者，诺贝尔和平奖获得者），他们是知名榜样，他们的事迹表明，个体可以用非暴力的方式让别人接纳自己的想法，成为令人尊敬的挺身而出者。

下面是你如何应对欺凌的一些建议。

当欺凌者是你的朋友时

虽然你的朋友善良有趣，但是你不喜欢他对待别人的方式，你应该结束这段友谊吗？其实不必如此。那你能做什么？你该怎么做呢？

让我们看看下面两条可能对你有帮助的建议：

- 如果你的朋友嘲笑别人，你要明确告诉他，你觉得嘲笑别人不好玩或者你不喜欢他这样做。你可以说，"这不好玩，我们做点别的事情吧"，或者"别逗他了，等你了解他了，你会发现他人是很不错的"。
- 不要公开指责你的朋友，这样他才不会感到尴尬或者被背叛，也才能真正听取你的意见。找个合适的时机让他知道，当他欺负别人时，你会有什么感受。你将在第五章学习如何使用"我向信息"，这有助于你解决上述问题。

挺身而出，坚持自己的价值观并不容易。当你喜欢的人遇事不能挺身而出时，你也不要轻易去教导他，当然，你也不必全盘接受他的一切行为。

试试这些简单直接的说法

如果你看到欺凌行为,你可以这样说:

- "我们支持他!"这样会让被欺凌的人(目标)知道他不是单独一个人,同时也让欺凌的人(口头暴力或肢体暴力)明白其他人会跟这个目标站在一起反对欺凌。
- "这不好玩!"如果欺凌者是你的朋友,你最好这样说,不过要记住,私下跟他说,以免他感到难堪。
- "让我们继续玩吧!"分散欺凌者的注意力,直到你想出其他办法。

向大人寻求帮助

如果你直接阻止欺凌会给你带来危险,或者被欺凌的人已经处于危险之中,你就要立刻告诉大人了。这不是告状,只是报告。告状是为了给别人制造麻烦而去告诉他人,报告则是因为你想改善局面。第五章将帮助你弄清何时该报告问题。要记住,在这种情况下,把事实告诉别人是正确的做法,特别是告诉那些有能力提供帮助的大人。

挺身而出的人就很完美吗？其实并不是！

金无足赤，人无完人，挺身而出的人也一样。比如，你想成为一个挺身而出的人，但上周你刚跟弟弟打了一架，所以你就会担心自己做不到。换句话说，你也明白你很难处处发挥模范带头作用，特别是当你愤怒的时候。

一个挺身而出的人需要控制自己的情绪，冷静处理挫折。在下一章，你将学会如何做到这一点。现在你需要做的是，去觉察自己何时会生气，何时会为自己的选择感到骄傲。这种自我觉察有助于你更好地认识自己，从而有更多的机会挺身而出。激励自己成为一个挺身而出的人是一件非常棒的事情，给自己点个赞吧！

从小处开始

每天跟三个不经常和你交流的孩子微笑着打招呼,这是让他们知道你想认识并关心他们的方式。

如果你尝试这么做了,想想第一天你会有什么感受,再想想你做了一段时间之后的感受。这种和别人联系的方式是不是让你心里很舒服?希望你能成为一个榜样,向其他同学展示,他们也可以用这种方式去结识新的朋友,一个简单的"你好"就能开始。

第二章
学会善待自己

有一个人最了解你，他每时每刻都和你在一起，他是谁呢？就是你自己！学会识别自己的情绪，善待自己，勇敢面对挫折，自信满满，这些都有助于你去帮助别人。

幸运的是，要成为一个挺身而出的人，并不需要你每时每刻都具备这些技能。如果你享受过舒适的日子，扛过难熬的日子，其中喜怒哀乐的滋味你定会有自己的体会，识别这些情绪有助于你理解别人的情绪反应。一旦你能识别这些情绪，你就能更好地知道别人何时需要你的帮助。

如果你会和自己成为好朋友，别人也会留意到这一点。即使你跟大部分人一样不完美，你也可以给大家树立接纳自我的榜样，用这种接纳的态度去对待他人。

善待自己并不容易。即使你认为你能做到善待自己和别人，你也可以从这一章学到有用的东西。好好学习这一章里提到的方法，你以后就可以用这些方法去帮助别人。

下面的小测验会帮助你思考是否做到了善待自己，是否需要学习一些善待自己的方法。每道题目有三个选项，请选择与你的情况最接近的一项。记住，这不是考试。我们希望它能帮助你认识自己是如何管理情绪的。

小测验

1. 你有很多重要的事情要做,而且都快到截止日期了,你会:

    a. 失眠,冲别人发火,埋怨别人给你的压力太大,没有专心去解决问题。

    b. 非常焦虑,但你没有表现出来,因为你不知道该怎么办。

    c. 非常焦虑,但你会用学过的技巧让自己冷静下来,然后想办法解决问题。

2. 你没有实现预期目标,比如没进入足球队,考试成绩不满意。你会:

    a. 生自己的气,觉得自己能力不足。

    b. 保持冷静,降低预期。

    c. 冷静下来,想清楚下次该如何实现目标。

3. 如果你尝试了一项体育运动或者活动,但没有表现好,你会:

    a. 自我否定,比如,"我就是个蠢货",你对自己很失望。

    b. 怀疑自己能否做好,犹豫要不要再试一次。

    c. 进行积极的自我暗示,比如,"我要鼓起勇气再试试,虽然我没有表现好,但这次活动很有趣,我要继续努力"。

4. 你知道自己何时会产生焦虑、愤怒、悲伤、紧张或其他情绪吗？

   a. 不知道。我不关注我的情绪，因为不值得考虑。

   b. 知道。我了解我的情绪，但不知道这对我有什么用。

   c. 知道。我了解我的情绪，知道情绪是身体发出的重要信号。比如，我在考前会很紧张，我要想办法冷静下来。

5. 我对自己的评价：

   a. 每天都在变化，这取决于我有没有把事情做好。

   b. 通常是积极的，但如果有人生我的气，我会觉得自己是个失败者。

   c. 一直很好。如果有人生我的气或者我没有把事情做好，我会努力解决问题，而不是沉溺于自己的消极情绪。

如果你的回答大多是"a"，那么你可能正在学习如何认识自我、管理情绪和应对压力。

如果你的回答大多是"b"，那么你可能开始学着自我反省和建立自信，并掌握了一些有用的技巧和方法。

如果你的回答大多是"c"，那么你已经有了较强的自我意识，知道尝试新事物不一定能成功，失败是正常的。你能够承受一定的压力，也知道如何管理消极情绪。

了解自己的情绪

想了解别人的情绪就要先了解自己的情绪。学会善待自己，接纳自我，建立自信很重要，因为这些会影响你的行为、选择和表达的意愿，甚至会影响你帮助他人后产生的愉悦感。在这一章，你将学习如何识别和管理自己的情绪（最终你也能帮助别人做同样的事情），应对挫折（克服消极情绪，积极解决问题），建立自信。学会这些技能会让你更容易把事情做好。

你了解自己的情绪吗？有些人了解自己的情绪，有些人很少关注自己的情绪，除非某个时刻感受到强烈的情绪。比如，当一个人接受挑战并取得成功时，他可能会感到快乐和自豪，也可能会感到紧张和压力，因为接下来要迎接更大的挑战。再比如，一个人如果要搬去别的国家，他可能会产生复杂的情绪，他会有离开朋友的忧伤，也会有进入新环境的焦虑和兴奋。了解情绪能让你更好地了解自己。

即使面临同一个情景，两个人也很难有相同的情绪。这一点也不奇怪，因为每个人都是独一无二的个体。每个人最清楚自己的情绪。我们的情绪教会我们知道何时需要别人的帮助，何时需要回忆快乐的时光，何时需要想办法克服焦虑、悲伤、沮丧或愤怒。

肖恩的故事

当人们不关注自己的情绪时,情绪有时会以一种意想不到的方式表现出来。13岁的肖恩是学校的运动员,也是一名优等生。他的朋友都说他沉稳冷静。肖恩也认同这种说法。但是,有一天晚上,他对所有人都发了火。他说爸爸做的饭难吃。他和哥哥共住一个房间,他看到哥哥把足球放进房间里,就直接把足球扔到了外面。晚些时候,他正在卧室学习时听到爸爸妈妈在客厅聊天,就冲出来对他们发脾气,然后哭着回了卧室。爸爸妈妈跟着他进了房间。当肖恩冷静下来后,他对爸爸妈妈说:"每个人都希望我把所有事情都做好。我既要排练戏剧,又要参加棒球队的训练,还要在音乐会上表演节目。作为校报的编辑,我还必须把慈善之夜办好,这样才能募集到足够的钱帮乔希买一个新轮椅。我不是一台机器,不可能一个人把所有事情都给做了!"

肖恩的父母也认为他说得对,他们认为肖恩没有关注自己的情绪,所以他不清楚心情何时开始沮丧的。当他感到紧张和不开心时,他也没有发现自己的情绪变化。肖恩也承认:"如果我知道这些事情会带给我这么大的压力,我会找人和我一起举办慈善之夜,我也会选择做校报的记者,而不是去做编辑。"

- 如果你是肖恩,在情绪崩溃之前,你能知道自己承受了太多的压力吗?
- 如果你感觉压力太大,你的情绪会对你有什么帮助?
- 你会怎么做呢?

孩子有时会为了让朋友接受自己而去做一些不喜欢做的事情，或者为了取悦大人而做出额外的承诺。他们可能没有留意压力带来的情绪（如焦虑或不适），忽略了情绪发出的信号，直到他们真正感到焦虑不安。就像肖恩一样，他承诺完成许多任务，却没发现自己的任务已经很重了。他们甚至都没意识到什么时候开始感受到了压力或者情绪低落的。如果你能察觉自己的情绪，你或许会找到一些缓解压力的办法，或者知道何时向他人寻求帮助。

当你对一些情绪如悲伤、恐惧、愤怒、焦虑不敏感时，你可能没有意识到你的生活需要做出什么改变或者哪些事情能让你感到快乐。

为什么察觉自己的情绪对成为一个挺身而出的人如此重要呢？这是因为你能够识别和管理自己的情绪，你才能知道：

- 如何发现别人紧张不安的早期信号。
- 如何帮助心情沮丧的人，因为你已经用一些办法帮助自己解决过类似问题。
- 如何帮助别人认识消极情绪带来的益处——它能让我们知道什么时候该去解决问题或者改变处境了。

> 如果你能察觉自己的情绪，你或许会找到一些缓解压力的办法，或者知道何时向他人寻求帮助。

布鲁克的故事

如果想成为一个挺身而出的人，学会积极的自我对话就很重要。10岁的布鲁克是一个乐于助人的孩子，但她却不懂如何善待自己。她告诉父母："我想帮助每个人，让他们感到快乐。"

布鲁克的目标很大，在确定目标是否可行之前，她的父母给她提出了一个建议，他们让她弄清楚如何停止自责，更加快乐自信地尝试新事物。布鲁克接受了父母的建议，认为自己很容易就能做到。但是，刚过两天，她就遇到了难题。她告诉爸爸："我不想参加校园舞会，因为我跳得太糟糕了。"爸爸告诉她，这是消极的自我对话，她一直在暗示自己，如果尝试新事物没有成功，她就应该感到羞愧。爸爸问她："你觉得别人也会像你这样子吗？那人们是不是无法享受尝试新事物的乐趣呢？"布鲁克发现，当她学会积极的自我对话后，她的心情好多了。她对自己说："我很想跳舞，我可以勇敢一点，向朋友请教舞蹈动作的技巧。这件事很有趣。"布鲁克明白了积极对话的重要性，她要把这个办法分享给别人。

- 你贬低过自己吗？比如说自己是个"笨蛋"？
- 如果你是布鲁克，你跳舞跳不好，你会对自己说些什么？

积极的自我对话

你是经常鼓励自己,还是嘲笑或贬低自己呢?要成为一个挺身而出的人,先要坚信自己。你要不断提醒自己,你是一个特别棒的人——你能在错误中学会成长,在尝试新事物遇到挫折或者为目标努力奋斗时学会忍耐。

当你想正确认识自己的能力或者正在做很难的事情时,你就可以采取积极的自我对话。如果你学会了这个方法,你可以成为他人的榜样,甚至可以帮助朋友重塑消极的自我对话。

我们可以将消极的自我对话转变为积极的自我对话,下面是一些例子:

美术老师看着你的水彩画说:"你的画很棒!你很努力,我很高兴,以后我可以给你一些好建议。"

- 消极的自我对话:"美术老师实际想说我的画很糟糕,我需要更多的指导。"
- 积极的自我对话:"我积极去尝试新事物了,我很自豪。没必要事事都要追求完美,我愿意跟着老师学习一些新技能。"

你在班上朗读课文时读错了一个字。

- 消极的自我对话:"气死我了。我怎么这么笨!"
- 积极的自我对话:"我只是读错了一个字,这没什么大不了的。虽然我读错了,但是错误的发音也很有趣。没关系,我学会正确的发音就行了。"

当你在进行积极的自我对话时,你要时刻提醒自己,每个人都会犯错,所以犯错后也要尊重自己。积极尝试新事物时,不要对自己期望太高,这会减轻你的心理压力,让你更轻松地玩耍和学习。

如果你想帮助那些情绪低落的人,你可以帮助他们学会积极的自我对话。先从你自己开始,说一说你对自己的看法。我们无法左右别人如何对待我们,但我们能决定如何对待自己。一旦你习惯使用这项技能,你就能更好地把它教给别人。

应对挫折

你有过情绪崩溃,摔打东西,甚至想放弃的时刻吗?生活处处有困难,遇到挫折很正常。重要的是知道如何让自己冷静下来,从而更好地解决问题。

有时候人们会用正念、放松法、练瑜伽等方法缓解压力和管理消极情绪。你也可以找到适合自己的方法,多加练习。下面是一些建议:

- 学会识别自己的负面情绪,比如伤心、沮丧等,这样你就知道何时应该后退一步,重新考虑问题。

- 很多问题不需要立刻解决。如果你心烦意乱，你在回复别人前可以花时间先冷静一下。比如，你可以说，"我要好好想想这个问题"，或者"我现在得走了，一会儿我回复你"。
- 渐进式肌肉放松法。从头到脚趾，依次做肌肉绷紧和放松的练习，每次做一个肌肉群。先绷紧额头，然后放松，接着再绷紧和放松你的脸颊或嘴唇肌肉，一步步往下练习直至脚趾。这种练习可以让你放松下来，改善情绪，从而更好地应对挫折。
- 使用视觉意象，在脑海里想象一个宁静的地方。当你情绪低落或者压力大的时候，闭上眼睛，想象到了一个能让你感到平静或快乐的地方，比如你上次开心度假的地方。你可以多练习这个方法，以后可能只需要几分钟就能缓解压力。
- 学会求助。遇到问题不知道该怎么办或者需要别人的帮助时，不要害怕向别人求助。

实现目标从来都不是简单的事情，需要人们付出时间和努力。比如，科学家要投入多年心血去研发治疗严重疾病的药物，即使遭遇挫折，他们也会继续努力，因为他们认为自己的目标很重要，相信一定能成功。试想一下，如果科学家尝试几次都失败了，然后就放弃，或者遇到挫折就发脾气、哭泣、缺乏耐心、坚持不下去，那么很多药物或者疗法就不会被发明出来。

康纳的故事

康纳想去帮助世界各地的饥饿儿童。一开始,他请父母赞助他100元,但他的父母说给不了他这么多,虽然他们非常支持他的想法,但是只能提供少量的捐款。他们还问康纳有没有实现目标的具体计划。康纳听了后大发脾气,认为父母不信任他。他跑回自己的房间,砰地关上了门。他决定以后不再想这件事了,因为他也不知道该怎么做才能做好这件事。

康纳需要提高三项重要技能:

★ 挫折容忍力(承受挫折的能力)。

★ 为目标制订计划(在第七章会展开讨论)。

★ 有自信,相信自己能实现目标。

- 你认为康纳可以用别的方式回应父母吗?
- 如果你是康纳,你会如何应对挫折?
- 你认为康纳放弃目标是正确的吗?
- 康纳有一个重要的目标,但他不知道如何实现它,他能请求别人帮助吗?如果可以,他应该向谁求助?
- 生活中有人会支持和帮助你吗?

这个世界上有许多事情会让你沮丧和失望，学会应对挫折能够帮助你解决很多难题。如果你能控制情绪，那么你就可以开启头脑风暴，制订切合实际的目标和计划。

建立自信

如果想在这个世界上有所作为，你要有自信。想象一下，如果你怀疑自己的能力，不敢把想法告诉别人，担心别人会因为你的求助而嘲笑你，缺乏自信，那么你很难去追求有价值的目标。

什么是自信呢？自信是指你了解自己的能力，认识到自己的不足并知道如何改进。自信意味着你了解自己，接纳自己，为自己感到骄傲，即使你在各个方面都不完美。（没有人能做到十全十美，不是吗？）

自信让你有勇气挺身而出，帮助有需要的人。它也给了你向他人求助的勇气，让你努力实现自己的目标。必要时向别人寻求帮助是一种力量，而不是脆弱的表现。

有些人是伪自信，换句话说，他们假装自己很有信心，但内心惴惴不安。由于表面的伪装，别人并不知道他们内心的需求，甚至他们自己都没体会过真正的自信。他们这么做，也让别人无法帮助他们建立自信。

伪自信有时会让他们表现得很傲慢，让人觉得他们知道的东西比别人多，做得比别人好，事实上他们刻意隐瞒了内心的不安。如果一个人只有在得第一的时候才会自我感觉良好，那他可能就是这样的人。

如果你缺乏自信，你该怎么做呢？

- 尊重自己，采用积极的自我对话。消极的自我对话只会让你越来越沮丧。
- 不要陷入"全或无"（也叫绝对化）的陷阱。如果你只有在得了满分或者最佳球员奖时才满意，事事追求完美，那么你就无法体会到努力和成长带给你的自信。
- 半杯水思维，看到自己拥有的那一半。如果一个杯子装了半杯水，你可以说"这个杯子装了半杯水"，或者"杯子的一半是空的"，这都没问题。假如杯子里的水代表了你的能力，可你并没有为此感到自豪，而是只看到了自己缺少的那一半，也就是你做不到的那部分，那你就很难建立自信。
- 只要你积极尝试安全的新挑战，即使没有成功，你也可以庆祝一下，当然，也要谨慎行事，不要自吹自擂。
- 不要跟别人比较，要跟自己比。设定一个可行性的目标，依靠自己的努力一步步接近目标，从中获得自信。

孩子们通常会关注别的孩子怎么做，这意味着有些孩子可能跟着你学。当你没达成目标时，你会贬低自己，还是会说"我很好，我会努力的"？

在向别人求助时，你是否有自信？是否会觉得尴尬？觉得自己不完美或者需要他人的帮助其实很正常。即使你没有特意告诉别人这个道理，你还是可以以身作则，用榜样的力量引导他们树立自信，赶快试一试吧！

从小处开始

当察觉到情绪低落时，你可以尝试使用本章里的方法，先让自己冷静下来。

回顾一下，今天有哪些事情让你感到自信？哪些事情让你发现自己还有要改进的地方？如果有，想一想半杯水的例子，保持自信，思考自己如何才能改进不足之处。

第三章

帮助别人前
先提升自己的能力

阅读前面的章节，想必你已经考虑过自己是哪一类旁观者，也明白了相信自己和善待自己的重要性，接下来我们看看帮助别人还要具备哪些技能。

这一章将教你如何在生活中帮助别人。

即使你很想帮助别人，你也要先把自己照顾好。有时，你得把自己放在首位。虽然帮助别人是一件好事，但是应当舒舒服服地去做这件事，而不是错过自己人生中的重要事情。有时，把自己放在首位并不是自私的表现。

这一章的内容会帮助你培养共情、换位思考、利他、微笑待人和善良等技能。想一想你会使用这些技能吗？

先试着做做下面的小测验，想一想哪些技能你可能已经用过了，哪些技能还需要别人的帮助才能提升，你是否已经准备好使用这些技能。当然，除了这些方式外，我们还有很多方式可以学会这些技能并从中受益。

小测验

1. 当老师把成绩单发下来时,你无意中听到安德鲁说:"我好难过,我只考了94分。"他托着脑袋,低头看着桌子。你会:

    a. 翻白眼,心里想:"这家伙考得那么好,能有啥事。"

    b. 试着想象自己是安德鲁,只有取得满分才会开心,那你现在会有什么感觉。

    c. 课后去找他并试着帮助他,告诉他当你对成绩失望时,你是如何采用积极的自我对话的。

2. 最近,艾玛想和你以及你的两个好朋友交往。你的朋友想出一个回避艾玛的计划。你会:

    a. 按计划进行,因为这比直接拒绝艾玛好。

    b. 想一想为什么艾玛愿意和你们交往,如果实施这个计划,她会有什么感受。

    c. 试着帮助艾玛,让她感受到爱和包容,因为你不想让她感到孤独和悲伤。

3. 麦琪想从课桌里拿出笔记本,没想到所有东西都滚到了地上,她急忙收拾东西。这时,有几个同学嘲笑她。你会:

    a. 看向别处,让麦琪可以安心收拾自己的物品。

    b. 试着想象自己在麦琪那样的处境下会有什么感受,是不是麦琪也有同样的感受。

c. 觉得麦琪可能会因为同学们的嘲笑而感到尴尬，所以你主动帮助她把东西捡起来或者告诉同学，"这没什么大不了的"。

4. 你在图书馆里看见6岁的尼尔和他的妈妈，他看起来很生气，因为他妈妈不让他借阅姐姐刚刚还回去的那本故事书。你会：

   a. 很生气，因为他无理取闹。

   b. 试着想象自己是尼尔，因为太小不能做姐姐能做的事情，那你会有什么感觉。

   c. 尽力想出帮助他的办法。比如，向他妈妈推荐一本你认为适合尼尔这个年龄的好书。

5. 布拉德是你的朋友，他有时说话结巴。他马上要在班上做一次演讲，他很担心自己做不好。你会：

   a. 告诉他你喜欢在班上做演讲，相信他也会喜欢。

   b. 接纳他的焦虑，引导他把注意力放在演讲材料上。

   c. 接纳他的焦虑，告诉他，他的演讲稿写得很棒。在他演讲时，你会在台下用微笑和掌声支持他。

如果你的回答大多是"a"，那么你可能开始理解别人的想法和感受了。

如果你的回答大多是"b"，那么你可能有了同理心，能够理解别人的感受。

如果你的回答大多是"c"，那么你已经学会了共情、换位思考和善良，并乐于助人。

共情能力

在上一章,你已经知道,即使在同样的情境下,人们也会有不一样的感觉。每个人都是一个独立的个体,这也让我们的生活变得精彩有趣。

在同样的情境下,有些孩子甚至成年人可能会有不一样的行为或反应。这是很正常的。不过,理解一个人的感受和行为可能需要时间和不断的练习。有些人的情绪很容易被识别:他们难过的时候会哭,生气的时候会挥动拳头,经常会用语言表达情绪。有些人不擅长表达情绪,你可能需要把更多的时间和注意力放在情绪暗示上,才能更好地理解他们的感受。

你也许认为自己不善于了解他人情绪。比如,别人不告诉你,你很难了解他们的内心感受或者他们那么做的原因。这可以理解。不过,不要放弃。学会从别人的角度考虑问题,主动关注对方的感受,像侦探那样去思考,你可能会惊讶地发现许多关于他人的情绪和需求的线索。

在帮助别人时,共情和换位思考是必备技能。共情通常是指站在别人的角度看问题,试图了解对方的情绪和需求。

如果你富有同情心,就说明你有共情能力。假如你想了解一个人的情绪,这里有一些建议:

- 看肢体语言。这个人有没有改变目光接触(比如,他看着别人或者看向别处），他有没有挪动身体远离他人。

- 看面部表情。有时候，虽然一个人会竭力隐藏情绪，但是泪汪汪的眼睛、紧闭的下巴和红扑扑的脸颊暗示了他的沮丧。
- 在某个情境下，不要想当然地认为别人会和你有一样的感受。比如，你讲了一个自认为很有趣的笑话，但别人会觉得你在嘲笑他，他会感到很尴尬。
- 关心你身边的人。想想谁很自信，谁需要一个朋友。你可能不会每次都猜对，但是想想你能帮助别人感到快乐或得到更多的支持，这还是挺好的。
- 想想如何做才能让别人知道你在乎他们（本章节后面要讨论）。

即使在看电视时，你也可以通过了解角色的情绪及情绪产生的原因来培养自己的共情能力。了解别人的情绪并不容易。有时候你可能会觉得自己不在乎别人的情绪，特别是当你正和兄弟姐妹或者朋友争吵时。但是，一般来说，如果你想做一个挺身而出的人，为这个世界做点事情，那你就得了解别人的情绪。能够察觉别人的情绪是你影响别人的第一步。

换位思考

换位思考与共情密切相关。共情就是关心别人的感受。我们在本书中提到的换位思考，主要是指了解别人的想法。

你在很多情况下都能用到换位思考这个方法。比如，你和朋友在一个问题上有分歧，虽然你不认同他的观点，但是你了解他的观点吗？

当你与人争辩或者不同意别人的观点时，了解别人的观点很重要。下面的方法会教你如何做：

- 停止争辩，深呼吸，试着放松下来，这样你才能听进去别人的话。
- 试着复述对方的观点，问自己是否理解，如果不理解，那是否需要对方帮忙解释。
- 想想该如何礼貌地表达自己的观点。
- 如果有分歧，请对方复述你的观点，确保你们沟通得很清楚。
- 试想一下，如果你灵活一点，同意对方的观点，这对他来说是否很重要。如果很重要，那就想想为什么很重要，你是否可以灵活变通。
- 想想你俩能否找到友好协商的方式，从而找到解决分歧的办法，这样你俩心里都舒服。

斯蒂芬妮的故事

10岁的斯蒂芬妮想让学校里的所有学生都感到快乐，有归属感，于是参加了学生会副主席的竞选。她的同学伊丽莎白和凯丽也参加了竞选。当主持人宣告斯蒂芬妮胜出时，斯蒂芬妮看见伊丽莎白哭着离开了礼堂。有一天，斯蒂芬妮无意中听到凯丽对朋友说，其实她不在意竞选结果，因为她太忙了，无论结果如何，她都没时间去当学生会副主席。

过后，斯蒂芬妮分别去找伊丽莎白和凯丽聊天。她说她们在竞选中提出的想法很棒，问她们是否愿意与她合作，一起让学校变得更好。斯蒂芬妮认为自己是一个热心、谦逊的人。

但两个女孩对此有不同的反应。伊丽莎白生气地说："你赢了我，成了学生会副主席，现在你还想用我的想法，还想把它们当成你自己的想法。"斯蒂芬妮试着理解伊丽莎白内心的感受，她发现竞选失败让伊丽莎白非常伤心和愤怒。

凯丽表现得好像她根本不想当学生会副主席一样，不过她感谢斯蒂芬妮私下来找她聊天。斯蒂芬妮理解和尊重凯丽的想法，凯丽注重隐私，不想公开谈论竞选失败这件事。斯蒂芬妮很高兴凯丽愿意跟她聊天。

- 如果你在竞选中失败了，获胜者赞赏你的竞选方案并希望与你合作，你会有什么感受？
- 如果你是斯蒂芬妮或是伊丽莎白或是凯丽，你在得知竞选结果后会怎么做？

> 如果你不断提高共情和换位思考的能力，那么你就可以一点点改变我们的世界。

如果人们都能在意他人的感受，停止无谓的争论，认真考虑对方的想法，我们的世界也会变得不一样。如果你不断提高共情和换位思考的能力，那么你就可以一点点改变我们的世界。祝贺你，你已经学习了这些能改变世界的新技能。

利 他

利他是指愿意帮助别人，并认为这是应该做的。利他并不是为了获得精神或物质上的回报。当然，在特定情境下，接受别人的回报也是可以的。如果你是一个利他主义者，那么你帮助别人就不求回报，只是纯粹地想帮助别人。

如果你正在读这本书，你可能已经是一个利他主义者。你想让我们的世界变得更加美好，让身边的人感到幸福和快乐。如果你想去帮助别人，要想一想：

- 你的行为是否会让别人感到快乐。

- 你的行为是否会无意让别人难堪。
- 你是让别人知道你帮助了他，还是做好事不留名。
- 你是否应该跟大人们商量后再行动。

有时，虽然你是出于好心，但是可能会让接受帮助的人感到不舒服。比如，在学校拼写比赛的决赛中，你故意拼错单词，想让对手赢得比赛。因为听说那位同学为了赢得比赛一直在刻苦学习，可她从来没赢过，也没有几个朋友，所以你想通过这种方式对她表示善意和关心。但这并不是一个好主意，因为：

- 如果你真的能当冠军，那么赢得比赛没有什么不对。
- 如果你故意拼错单词，那对其他参赛者就不公平。
- 有些同学可能会明白你是故意的，然后会告诉你的对手，要不是你故意拼错，她根本拿不到冠军。
- 那位同学可能会觉得你这样做是在施舍她，没有尊重她，她不是靠自己的能力赢得比赛。

另外还有两种利他行为会让对方感到尴尬或生气：

- 你在学校看见一位同学穿着有破洞的运动鞋，同学们都嘲笑她的鞋子。于是你把在家做家务赚取的零花钱送给了她，让她买双新鞋。
- 你看见一位比较胖的同学每天都在吃高热量的零食。为了帮助他减肥，你每天主动给他带水果，让他少吃点高热量的零食。

亚历山大的故事

一场暴风雪过后，亚历山大和父母一起清除了自家车道上的积雪，并清理了汽车。亚历山大想去帮助邻居铲雪，在得到父母的允许后，他去帮路对面的一位老人，老人的妻子刚刚去世。他没有询问老人的意见，就把邻居家门口和道路上的雪清理干净了。他自豪地按响了邻居家的门铃，并对邻居说："爷爷，我帮您把雪清理了，我想让您知道，我很关心您。"

邻居想付钱给亚历山大，但亚历山大拒绝了。这让邻居很不高兴。亚历山大很困惑，回到家后，他父亲告诉他说，邻居刚才打电话来了。亚历山大这才明白，邻居觉得亚历山大是在施舍他。亚历山大的父亲解释道，这就是有时不收邻居的钱，邻居反而会觉得不舒服的原因。亚历山大的父亲还说，他这么做很好，但他需要站在别人的角度考虑问题，他的行为是一个善举还是对别人的一种打扰。父亲告诉亚历山大，如果邻居真想给他报酬，他就应该接受它。

这件事让亚历山大明白，邻居会因为支付得起报酬而感到自豪。亚历山大去邻居家里，礼貌地接受了钱。他后来把钱捐赠给救助站，用来帮助那些需要帮助的人。

- 如果你想帮助邻居铲雪，你会怎么做？
- 是不是有些邻居会感谢你，有些则不会？
- 如果他付给你钱，你会接受吗？

你有没有发现你的善意适得其反，给别人带来了烦恼？他们可能会感到难堪、不自在，就好像你比他们过得好。他们也可能很生气，因为他们不需要也不想要你的帮助，而你却试图帮助他们。很多人认为帮助别人是一件好事，可是，别人是否需要你的帮助和如何帮助别人是你需要考虑的两个关键前提。

有时候，你在帮助别人前与大人聊一聊还是很有必要的，比如，大人会教你如何帮助别人才不会让对方感到尴尬或者反感。如果你提前跟大人聊聊，你也就不会给超重的同学带水果，或者直接给同学钱让她买新鞋子了。

善 良

无论是在家里还是在学校，你可以做很多让别人暖心的事情。想想如果有人为你做了这些事情，你会有什么感受。如果你友善待人，你会发现，当你做一些利他的事情时，你会为自己感到自豪：

- 为表示对他人的尊重，在适当时候说"请"或"谢谢"。
- 写一封信给你的父母、兄弟姐妹或者其他亲戚，表达你对他们的爱。如果他们允许你进入他们的房间，你可以把信放在枕头上，给他们制造一个睡前惊喜。

- 你有没有听过一句话，行动胜过言辞。做好事是让大人知道你关爱他们的好办法。想象一下，如果你主动承担一些家务活，你的父母会有什么感受。
- 如果一位同学生病请假好几天了，你可以通过短信、电子邮件（条件允许的话）、电话询问他的情况。这会让他感受到你的关心，他也会很感激你。
- 如果你的一个亲戚住的地方离你家很远，想象一下，如果你主动联系他，他会有什么感受？你给他打一个问候电话就可能会让他感到幸福。

上面只列举了几个建议。在这一章，我们列举的建议都是你自己就能做到的。后面，你还会了解到一些需要你和兄弟姐妹或者亲朋好友一起做的事情。

> ★ 无论是在家里还是在学校，你可以做很多让别人暖心的事情。★

微笑的力量

想象一下,你走在校园里,迎面过来一位老师或者同学对你微笑点头。这个小小的举动表明,他认识你或者见到你很高兴。这是不是让你感觉很棒!

在第一章,我曾经鼓励你要微笑着跟别人打招呼,你尝试去做了吗?如果你做了,你感觉怎么样?

你可能已经发现,如果你笑着跟别人打招呼,对方也会回赠你一个微笑。当然,根据你跟对方的关系以及对话的内容,不同人的微笑可能就有不同的含义。比如,有人嘲笑利亚的穿衣风格,他对利亚微笑着说:"我喜欢你穿的这款衬衫……哈哈,真难看,我才不穿这种呢!"他的微笑肯定会让利亚难以接受。我们往往会将这种微笑称为嘲笑。嘲笑意味着一个人嘲讽另一个人,而不是真正欣赏他。

如果你和一位同学关系很好,你对他微笑,他肯定不会认为你在嘲笑他。反之,如果你跟对方的关系不是很好,你的关心可能会被误认为你想嘲笑他或者欺负他。

从小处开始

1. 试着想象在特定情境下别人的感受以及他们在想什么。如果你跟他们关系很好,你可以检验一下,看自己的推测是否准确。这个活动可以帮助你提高共情和换位思考的能力。

2. 想想那些曾经激励过你的人,如果你邀请他们参加上面的活动,他们会觉得尴尬还是开心(或者既尴尬又开心)。如果你认为这会让他们开心,就分享给他们。如果你不确定,和大人商量后再决定是否去分享。

第四章
善良和愤怒会传染

通过前面的阅读，你已经了解了不同类型的旁观者，明白了如何善待自己，也知道用一些技能（如共情）给别人带来积极的影响。在这一章，你将了解到，行为和情绪会如何影响身边的人，甚至是那些不认识的人。

如果你帮助了一个人，他会很开心并心存感恩，将来有一天，他也会去帮助别人，第三个人感受到关爱，之后会积极地去帮助朋友和别人。因为快乐（或者沮丧）所引起的行为会影响一个人，之后影响另一个人，一个个传递下去，我们把这种影响链条称为传染。不过，即使你心情很沮丧，你也可以表达对别人的关心。

这一章还会讲述刻板印象的负面影响。你是否曾经根据同学的着装或他身边的朋友来猜测他的兴趣和个性？因为你并不了解他，所以你会根据他的特征与特定群体的匹配度来作出假设。当然，这些假设可能是对的，也可能是错的。

我们先做一个小测验，看看你已经具备并使用过哪些技能。你可以从中思考一下，掌握这些技能还需要多少外力支持，或者你已经能够使用这些技能了，可是还需要一点额外的帮助。

小测验

1. 你做的事情或发生在你身上的事情让你很开心。你会：

    a. 告诉很多人你为什么很开心，但是忘了考虑他们对这件事的感受。

    b. 积极乐观，更愿意帮助别人。

    c. 积极主动地去支持和帮助别人，让别人感受到关爱和温暖，希望别人开心。

2. 即使你刻苦练习，你还是没有被选中参加学校音乐会的单簧管独奏，你会：

    a. 很生气，说音乐老师和入选同学的坏话，即使你知道这位同学的演奏水平比你高。

    b. 质疑自己是否擅长演奏单簧管，忘记了你曾经帮助过很多人学习单簧管。

    c. 很沮丧，但仍然会帮助别人学习单簧管，因为这能让你和别人都快乐。

3. 一个平时很文静的同学在走廊里招呼其他同学都过来看你的头发，他还嘲笑你的头发。你会：

    a. 以牙还牙，嘲笑他的衬衫。

    b. 告诉他你不喜欢他的评价，也不会去嘲笑他，然后继续和朋友一起走开。

c. 问问他今天怎么了，因为他平时并不会嘲笑别人的，然后问问他是否需要你的帮助。

4. 你看见一个男孩经常独自坐在餐厅里抠鼻子，你会：

a. 告诉你的朋友，让他们过来看看这个男孩的行为。

b. 试着去跟他聊天，但是当他抠鼻子时，你立马走开。

c. 告诉他休息时可以找你玩棋盘游戏，不过要先洗洗手，以免传播细菌。

5. 你在家庭聚会上遇见了远房表妹，妈妈让你过去跟她聊天。你发现她的穿着很特别。你：

a. 觉得和她无话可说，打个招呼就走开。

b. 觉得跟她可能有共同语言，走过去跟她打了个招呼后坐在了她旁边，但是你不想跟她聊天。

c. 觉得你俩是不一样的人，但还是坐下来跟她聊天。你很开朗，愿意去认识一些人，不管你们是否有共同的兴趣爱好。

如果你的回答大多是"a"，那你可能需要了解情绪、行为和刻板印象会如何影响周围的世界。

如果你的回答大多是"b"，那你可能已经会自我觉察和友善待人，尽管有时候你会不开心或不舒服。

如果你的回答大多是"c"，那你可能已经有了较强的自我意识，懂得接纳各种情绪，能够通过控制行为和打破刻板印象来克服消极情绪。

中断愤怒的连锁反应

你是否曾经和朋友发生过争执,这让你心情很糟糕?试想一下,你当时很生气,也很伤心,当回到家时,你还会和平时一样很有耐心地对待弟弟妹妹吗?

一件令人沮丧的事情会让一个人在接下来的事情中更容易沮丧。显然,这不是你想影响世界的方式。

伊森的故事

伊森发现朋友马克邀请了另外两位朋友去游乐场庆祝生日。因为没有接到邀请,他很愤怒,也很伤心。他没有问马克为什么没有邀请他,如果问了,他就会知道马克这么做是因为他讨厌过山车。马克计划邀请伊森和其他朋友一起去他家里开生日聚会。

当伊森放学回家后,他的愤怒情绪开始影响别人。弟弟卢克告诉他今天会骑平衡车了,伊森淡淡地说了一句"了不起",这让卢克很失望。这时,卢克的双胞胎弟弟丹尼想让卢克帮助他画画,卢克说"你真笨",然后就走开了。

- 伊森的情绪和行为是如何传播不满的,即使他已经离开学校回到了家里?
- 如果你是伊森,你能让自己冷静下来,不再传播负面情绪吗?

记住中断情绪连锁反应的一些要点：

- 情绪没有好坏之分。
- 情绪低落时仍要尊重他人。
- 试着了解自己的情绪，比如，是什么让你感觉不舒服，你想如何改变。
- 别让沮丧和愤怒控制你的行为。即使遇到困难，你仍然能成为正直的人和优秀的领导者。
- 在你伤心难过时，你要做个表率，让周围的人看到，即使你很失望、伤心、沮丧、焦虑、愤怒，你也会关心他人。
- 如果你心里很难过或者不知道该怎么办，你随时可以向大人求助。

善良会传染

消极的言语和行为会传染，好消息是，积极的言语和行为也会传染。假如你终于赢得了学校的艺术比赛，这是你近几年一直想实现的愿望，之后就可以跟其他学校的胜出者进行决赛了，你非常开心，一整天都很高兴。你甚至发现别人也想分享你的快乐。此外，你也想帮助别人感到快乐，比平时也更友善，更乐意帮助别人。

亚历克萨的故事

亚历克萨赢得了学校的艺术比赛，她一天都很高兴，还邀请珍妮一起讨论即将到来的郊游。珍妮很内向，亚历克萨一般不去叨扰她，但是那天亚历克萨想让每个人都像她一样开心。珍妮因为被邀请参加郊游讨论感到很高兴，放学后，她主动辅导妹妹的家庭作业，帮助爸爸做晚饭。这让她的妹妹和爸爸也很高兴，他们晚上跟别人聊天时，也比平时更有耐心，更开心。看到了吧，善良是会传染的。

- 你还记得你感到很幸福，并想和别人分享快乐的时候吗？
- 如果你是亚历克萨，你不想吹嘘，你会怎样和别人分享你的好心情呢？

如果一些孩子知道如何帮助别人，也知道这样做会带给他们积极的情绪体验，你认为他们愿意帮助别人吗？如果一些孩子没有发现你的善意举动，他们也就不会关注友善带来的积极体验。所以，你有时候可以告诉别人你做的一些利他事情（当然不要吹嘘），好让别人知道你做这些事情后的感受。

用行动去践行利他精神，做好榜样。利他行为和友善只有

在别人知道怎么做时才会传染。下面是一些引导他人友善和利他的实用性建议:

- 你能写一篇关于秉持利他主义理念的名人是如何影响社会的作文吗?如果可以,你是否可以和同学分享这篇作文?比如,梅琳达·盖茨向一些学校捐赠了电脑,还向非洲的一些国家捐赠了药品。
- 用行动表达你对别人的关心。即使你心情不好,你也会这么做。
- 组织一些利他性的团体活动(详见第八章),试着让同学参与进来。

历史上有很多正能量的人(拥有积极行为的人),他们得到了人民的认可。由此可见,想让世界变得更美好的不只是你一个人。虽然我们的世界有冲突、欺凌或其他难题,但是年轻的你们可以给世界带来新变化。

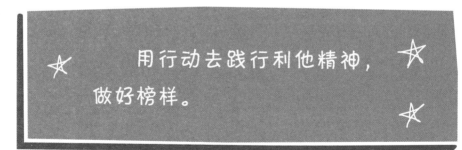

用行动去践行利他精神,做好榜样。

如何传播善良

如果你知道了别人的需求，就更容易想出帮助别人的方法。帮助别人有很多方法，没必要时时刻刻紧盯着别人的一举一动。你要像个侦探那样，能识别出周围的人何时需要帮助，然后去帮助他。这里有一些情况，你适当介入就能帮助别人。

- 你看到同学写作业遇到了难题，你可以问问他是否想和你一起复习功课，或者加入学习小组。
- 你的哥哥正在复习备考，可是弟弟在旁边跑来跑去，喧闹不止，这让哥哥难以专心复习。你可以和弟弟一起玩一些安静游戏，这样，你不仅帮了哥哥，也帮了弟弟。
- 你的朋友抱着很多书，一不小心书全部掉在地上了。你可以帮他捡起来。

如果人们看到你乐于助人，友善待人，他们会认为你很自信和善良。你在人们心目中就建立了良好的声誉——你能够敏锐地察觉并关心别人的需求，自信勇敢地站出来为他人提供帮助。

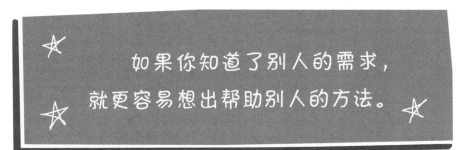

如果你知道了别人的需求，就更容易想出帮助别人的方法。

莎拉的故事

五年级的莎拉留意到校车上新来了一个三年级学生。新同学有点害怕，总是一个人坐着。莎拉试着理解她的感受，然后起身离开了朋友并坐在了她旁边。这位名叫凯丽的新同学发现了莎拉的善意，她轻松地笑了。莎拉为自己能帮助到别人而感到自豪。莎拉了解了凯丽的兴趣爱好，第二天，她把凯丽介绍给了三年级的几个学生，然后又和朋友坐在了一起。她偶尔会看一眼凯丽，看到凯丽和几位同学经常在一起有说有笑，她感到很开心。

- 你之前有没有想去帮助一个看上去很孤独的同学？
- 如果你在公交车上注意到凯丽是位新生并且一个人独自坐着，你会怎么做？

好人卡

有一种表达谢意的有趣方式，就是好人卡。你可以让朋友们一起来帮忙制作，找一张名片或者类似大小的纸，在上面写上"谢谢您的好心"，并写上这个人的哪些行为让你心存感激，最后签上自己的名字，送给这个人。想象一下，你的爷爷奶奶、公交车司机、餐馆服务员或者辅导老师收到了好人卡，他们会有什么样的感受。当你表达了感激之情并看到它带来的积极效果时，你会觉得自己很棒。

如果你想把一张好人卡送给一个朋友,那得确保他不会产生疑惑,要让他知道你为什么要把这张好人卡送给他。不要让他产生错误的想法,比如,你故意让他难堪,你想讥讽他或者讽刺他幼稚。

如果你把好人卡送给别人并且奏效了,你可以把这个方法分享给更多的人。有些人可能不愿意用这个方法,但有些人可能愿意像你一样主动表达谢意,并为自己这样做而感到自豪。虽然你只是送出了一张好人卡,但是你影响了很多人,他们可能会像你一样送出他们自己的好人卡!

其他表达感谢的方式

好人卡只是让别人知道你感谢他们的行为或想法的一种方式,还有很多其他表达谢意的方式。

这里有一些小贴士:

- 告诉同学,你从他的演讲中学到了很多东西。
- 感谢对你好的人。
- 在帮助别人时,你希望别人如何感谢你,然后在别人帮助你的时候,你可以试着用这种方式感谢别人。
- 发信息或电子邮件让别人知道你很感谢他做的一些事情。
- 找朋友聊聊,让他知道你很珍视你们的友谊。

想一想你之前是如何感谢别人的,也感谢一下自己的利他行为。然后想一想还有哪些表达感谢的方法,或者还有哪些更好的办法让别人知道他们的善意被认可了。

记住，善良是可以传染的。如果别人对你很友善，你又能体会到别人的善意，那么你俩都能感受到善良的力量，也就更愿意把善意传递给更多的人。

生气时保持冷静

如果出于善良和对他人的关心，你想去帮助别人，这时其他孩子可能也想加入你的行动。如果你在心情愉快时会帮助别人，在不开心时冲人乱发脾气，那你就会失去好名声，也会失去别人的尊重。别人可能不愿意参加你提倡的活动，因为担心得不到应有的尊重。如果你真的想让世界变得更好，那就做个榜样，让别人知道你是如何保持冷静和自信的，甚至当你愤怒时还能如此。

> 如果你真的想让世界变得更好，那就做个榜样，让别人知道你是如何保持冷静和自信的，甚至当你愤怒时还能如此。

蒂姆的故事

10岁的蒂姆一开始很难保持冷静和使用积极的自我对话。他说:"在过去,当事情不符合我的预期时,我常常会生别人的气,甚至生自己的气。当父母不能满足我的要求时,我就会冲他们发火,然后走开。我曾经认为自己难以用其他方式应对压力。当老师留了太多的家庭作业时,我就会告诉自己和朋友,老师真是太讨厌了,布置这么多作业,我才不想写呢。不过,现在我逐渐擅长用积极的自我对话来控制情绪,学会保持冷静了。"

有一天,蒂姆的朋友瑞安说,他在一次篮球比赛中投失了罚球,他觉得自己很笨。蒂姆告诉瑞安:"你要善待自己,要成为自己的好朋友!"瑞安很困惑,不明白蒂姆的话。蒂姆解释道,瑞安可以有两个选择:他可以自责,也可以善待自己,采取积极的自我对话。蒂姆告诉瑞安他是如何了解自己的情绪,使用积极的自我对话,然后去解决问题的,而不是对自己和身边的人生气。

瑞安觉得蒂姆说得对。在没有人故意伤害我们的时候,我们为什么要消极对待自己呢?瑞安和蒂姆开始与朋友们分享他们的想法。虽然有些人认为积极的自我对话很奇怪,但是更多的人愿意尝试用这个方法去解决问题。真的太棒了。他们相互分享了自己沮丧时保持冷静的办法。

- 你认为积极的自我对话对蒂姆和瑞安有帮助吗?为什么?
- 你有没有尝试过用积极的自我对话让自己冷静下来呢?如果有,你是怎么做的?

打破刻板印象

你知道刻板印象会影响我们对别人的认知和判断吗？刻板印象是指我们基于人们所属的群体、长相、行为而对他们形成的固定看法。比如，遇到一个外国的孩子，就认为那个国家的其他人也是这个样子。可能在某些方面你是对的，但其他方面并不是这样。比如，在那个国家，这个孩子说话的口音可能与其他孩子相似，但如果根据这个孩子的喜好去猜测其他孩子的喜好，你可能就错了。

刻板印象会让人们根据有限的信息来提前预判别人。即使是正面的刻板印象，也会伤害别人。比如，辩论赛里有一位戴眼镜的辩手，人们会认为她比其他人聪明，期望她获得好成绩，这会给她带来很大的压力。刻板印象会带来一些后果：

- 人们会因为对个体信息、假设、不合理信念的过分概括而厌恶整个群体。
- 快速判断一个人，这可能会带来严重的误解。如果一个人因为和别人具有类似的特征，人们就认为他们是一类人，这个人就会感到被误解了。

你是否曾经刻板地去看待一个人呢？刻板印象并不意味着你不友善或试图欺负他人，而是意味着你要反思你判断人的方式。如果你想理解别人的观点，你必须认识到个体的差异，尽量减少刻板印象。你要问自己几个问题：

- 新来的孩子经常穿黑色衣服，你认为他很呆板，你这样做对吗？（这不对，你需要更多信息才能判断。）
- 每个人都是独立的个体，了解别人需要时间，不能刻板地认为他是什么样的人。你愿意花时间了解别人吗？

你是否经历过刻板印象？或许有人仅仅根据你的穿衣风格就认为你是个运动员。请思考一下：

- 你觉得不同国家、地区、种族的人会对彼此形成刻板印象吗？你是怎么想的？
- 你觉得刻板印象是有助于人们和睦相处，还是让人们感觉到巨大的差异，从而让他们不愿意相互帮助呢？

从小处开始

试着让两个人知道你感谢他们，并告诉他们原因。

想一想，有没有一群与你所属群体截然不同的人。也许他们是校园歌手或者和你肤色不同的孩子。尝试从他们身上找到和你相似的三个地方。这会提醒你，人类虽然会有不一样的思维方式或者文化，但是也有许多相似之处。通过关注相似之处或者理解差异，你就建立了和别人积极沟通的基础。

第五章

化解冲突的七种实用方法

两个人的观点和兴趣不可能每时每刻都完全相同。人的伟大之处在于每个人都有自己的思考，有自己的观点。这也意味着有时我们的观点会与别人的观点发生冲突。

如果你想让别人顺从你的意见或喜好，你要提前考虑一个问题，你是"需要事情按照你的意愿发展"还是"想要事情按照你的意愿发展"，"需要"和"想要"是有区别的。举个例子，假如你是糖尿病患者，因为你的血糖高（或低），所以你必须接受治疗，这是一种需求。你想要和好朋友在一个班级里读书，但你不是非得如此。

人们处理不同需求的方式是很重要的。人们会通过争执、谈判或妥协的方式解决冲突。如果你想让我们的世界更加和平，人与人之间相互尊重，你可以从自己做起，让大家看看你是如何解决分歧或冲突的。

在这一章，你会学到如何在相互尊重的前提下表达你的观点和听取别人的观点，以及如何通过谈判与妥协解决问题。

试着完成下面的小测验，想一想，哪些技能是你需要的，哪些技能是你已经在用但可能还需要提升的。这有助于你思考如何处理冲突或意见分歧。

小测验

1. 你已经计划好了这个周末你和朋友们该做的事情。你会：

    a. 告诉朋友们该怎么想，该怎么做。

    b. 告诉朋友们你是怎么想的，并听听他们的意见，但是仍然试图说服他们听从你的安排。

    c. 告诉朋友们你是怎么想的，听听他们的意见，讨论分歧并试图达成一致意见。

2. 你在学校负责一个项目小组，有一位组员不同意其他组员提出的学习计划，你会：

    a. 很生气，请他加入别的项目小组。

    b. 告诉他，我们需要学会与人合作，为此可能需要做出一些妥协。

    c. 在小组内讨论这个问题，并让每个人提出解决办法，自己起模范带头作用，教大家如何表达"我"的想法（后面会学到这个方法），并学会相互尊重。

3. 一位同学故意大声说话，似乎在炫耀自己比别人更会玩、朋友多或者成绩好，你会：

    a. 直接告诉他："你真惹人烦！"

    b. 想想他为什么会有这样的言行举止，然后礼貌地告诉他，他的行为影响到你了。

c. 发现他的真正优点，并称赞他，然后礼貌地提醒他，会玩、朋友多、成绩好听起来像是一场比赛，但你不想和他比赛。

4. 你注意到朋友们经常使用"恶霸"这个词，只要有人不同意他们的观点或者做事莽撞，就可能被他们贴上这个标签。当他们把一位不尊重人的同学称为恶霸时，你不同意，你会：

a. 当作没看见，认为这是一件小事，没什么大不了的。

b. 漫不经心地说："她做事不够周全，但我觉得她不是一个恶霸。"

c. 认真告诉朋友你认为的恶霸是什么样子的，虽然这个同学不尊重别人，但她不是一个恶霸。

5. 当你和父母发生冲突时，你会：

a. 告诉他们你是如何考虑的，他们应该认可你的观点。

b. 为避免分歧选择让步，因为你总是想着要尊重别人。

c. 和父母讨论这个问题，相互尊重和理解，找到能让双方都接受的解决办法。

如果你的回答大多是"a"，那你可能需要了解如何在相互尊重下解决分歧，你在阅读本章节时可能会得到一些重要的建议。

如果你的回答大多是"b"，那你可能正在学习解决分歧的方法，有时还不知道处理分歧的最佳方法。

如果你的回答大多是"c"，那你可能已经掌握了一些解决分歧的方法。你接下来可以学习更多的方法，以便将来能更好地处理分歧。

埃文的故事

12岁的埃文发现，冲突也有积极的作用。他和8岁的弟弟本杰明共用一个房间。本杰明喜欢画画，但是经常画在埃文的书本上，比如家庭作业本。虽然埃文经常说要尊重别人，但是他生气时也会发脾气，撕毁本杰明的书本。

有一天，埃文尝试用积极的方式解决冲突。当他俩都冷静下来的时候，他决定坐下来和本杰明好好谈一谈。埃文告诉本杰明，他很喜欢和本杰明住在一起，也喜欢本杰明的绘画作品，但是不想和本杰明吵架。

本杰明也同意结束这种紧张气氛。埃文说，当本杰明在他的作业本上画画时，他心里很难过。本杰明说画画需要纸。埃文问本杰明是不是故意惹他生气，本杰明说不是的。

埃文于是问妈妈，能否给本杰明准备一个画画本，妈妈同意了。埃文把这个画画本给了本杰明，并且每周会从中挑选一幅他最喜欢的画贴在他们房间的墙上。本杰明也不在埃文的作业本上画画了，他很高兴看到自己的作品被人欣赏。埃文也觉得他和弟弟的关系更好了。

- 如果你是埃文，在与本杰明讨论前后，你会有什么样的感受？
- 你会如何处理这种情况？

不同的冲突需要不同的处理方式

人类历史上不断发生冲突。冲突不一定都是坏事情。冲突有时候也会带来一场开诚布公的讨论和积极的变化。

不同的冲突需要不同的处理方式,这要看它们是小麻烦、同伴矛盾还是欺凌事件。接下来我们看看如何解决这些冲突。

有冲突就有分歧。想象一下,你现在是一名调解员,你有能力帮助别人解决冲突。在你成为调解员之前,你需要了解下面的六个问题:

- 冲突双方的态度有多强硬(有时其中一个人可能并不认为这是一种冲突)。
- 冲突持续了多久。
- 是否有完全相反的观点,或者他们的目标一致,说的话其实很接近。
- 他们是否愿意克服困难,解决问题。
- 他们是否想让你帮忙解决分歧。
- 已经尝试过哪些解决办法(所以你不必再重复用那些方法)。

小冲突或者小问题一般只会持续几分钟,当事人可能自己就能解决,不需要他人的干预。比如,一名学生在走廊里奔跑时不小心撞了同学,他可能会向人道歉,同学可能不会生气。

这种短暂的冲突也被称为小麻烦。一件麻烦的事可能会引起紧张的情绪，但对照前文所讨论的冲突解决策略，它一般不需要第三方介入。

还有一些长久的分歧或冲突也不需要第三方的干预，人们倾向于自己解决。不过有时候，如果冲突双方都能接受你的调解，你或许能够帮助他们解决冲突。如果你遇到了这种情况，也弄清楚了前面提到的六个问题，那么可以考虑下面的五条建议：

- 确保冲突双方和你都能投入一定的时间来讨论冲突和解决问题。
- 制订讨论的规则（比如相互尊重，礼貌用语，不要相互指责）。
- 尽量保持客观，不偏袒任何一方的结论或观点（当然，除非是安全问题）。
- 让冲突双方知道你不偏袒任何一方。
- 让冲突双方知道，你将来也需要他们的帮助。（他们会认为，你没有在他们面前显示优越感。）

一旦讨论的规则确定，你就该重点关注解决冲突的策略和沟通方式了，想想哪些会帮助你解决问题，哪些会阻碍你取得进展。

> ✦ 不同的冲突需要不同的处理方式，这要看它们是小麻烦、同伴矛盾还是欺凌事件。 ✦

应对校园冲突

你已经了解了一些解决冲突的方法，但是你得知道，有时候使用这些策略既不合适，也没有效果。

假如你的同学被别人欺负，或者一位同学被他的家人打了，你是否应该冲上去保护他们呢？

一个挺身而出的人不需要把自己置于危险之中。像上述的情况，你不需要与欺凌者对抗，也不需要去同学的家里跟他的家人争论。如果你遇到的情况跟上述例子一样严重，你务必尽快把这件事告诉你信任的大人。你可以把这件事告诉父母，因为父母通常是你最信任的人，和他们一起头脑风暴常常会有助于你处理这类事情。

如果类似的情况发生在学校，试着想想学校里有哪位大人能帮上忙。你信任老师、辅导员、心理咨询师吗？让他们替你保密（即保护你的隐私）。尽可能告诉他们你所知道的具体信息，说说你为什么担心那位同学，不过，不要把你的推测当作事实。

如果你大胆说出事实，即使没有直接对抗欺凌者，你也保护了同学的安全。

你如果不确定某人是否受到了欺凌，或者不清楚是否需要大人的帮助，你可以问自己几个问题：

- 两者之间是否存在权力不对等（一方的身体更强壮，更受欢迎等）？
- 有的人是否有攻击性（身体上或语言上）行为，试图伤害他人？
- 这种事情是否频繁发生或者冲突激烈？

如果这些问题的答案都是肯定的，那就可以推断为欺凌事件。你就需要寻求大人的帮助，找出制止欺凌的好办法。

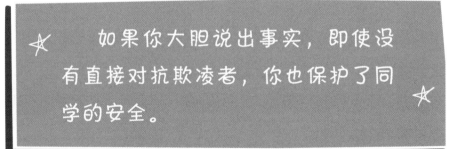

如果你大胆说出事实，即使没有直接对抗欺凌者，你也保护了同学的安全。

消极型、攻击型和自信型的沟通模式

让我们回顾一下之前讨论过的问题,想想你如何才能做到尊重别人,积极乐观,并成为处理分歧的榜样。一般来说,人们常常会用三种沟通模式。有人可能会根据情况灵活选择沟通模式,有人可能会遇到任何情况都坚持用同一种沟通模式。

当你了解这三种沟通模式后,请想一想,你平时是只用其中的一种模式,还是会灵活变通。这三种沟通模式是:

- 消极型——消极型的人会尽力逃避冲突,甚至被同伴认为"软弱可欺"。他不敢站出来维护自己的利益,只是一味地顺从别人。
- 攻击型——攻击型的人不一定会对别人进行人身攻击,但会强硬地表达自己的需求,要求别人服从自己。他甚至会说别人的坏话。他或许不是一个恶霸,但在别人试着和他沟通时,他会充满敌意。
- 自信型——自信型的人在尊重自己和别人的基础上,坚定地表达自己的想法。他不去冒犯别人,也不会贬低别人的观点。他力求找到大家都能接受的解决方案。他不是为了"赢"别人。

此外,还有一种消极-攻击型的沟通模式,这是上述前两种模式的融合。消极-攻击型的人通常不会直接表达自己的看法，但会采用隐蔽的方式表达情绪，比如不回应、讽刺、摔东西等，让对方感到心烦或者不便，从而间接操控别人。比如，他因为之前的事情生气，就会故意不告诉对方一个重要信息，以此来表达自己的不满。

你决定用哪种沟通模式呢？有时，你可能会因为别人对待你的方式感到沮丧或不安。改变世界并不意味着你想做什么就做什么，从不生气，而是意味着你在面对冲突时，坚定自信，不强势也不消极。这样既能尊重别人，也能满足自己的需求。

掌握沟通技巧

有时你可能会对别人的评价、行为或决定不满意。这里有一些处理冲突（不包括欺凌）的建议。在你想自信地与人沟通时，这些建议或许能助你一臂之力，让你掌握化解冲突的技巧。

- 在谈论问题前先冷静下来。
- 如果你情绪激动，听不进对方的观点，也不能礼貌地阐明自己的观点，那就让对方说完你再说。
- 当你跟对方沟通时，避免有其他人在场。因为这些人可能会选择站队，对方会认为不能在这些人面前让步，从而影响你们的沟通效果。

- 要先问问对方现在适不适合谈论这个问题，如果不合适，询问什么时候合适。
- 让对方知道你心里不舒服，但你也钦佩他的一些能力（说出哪些能力）。
- 共同商议谁先说。当对方在阐述观点时，你要认真仔细听清楚他说的内容。
- 试着归纳总结对方的观点，确保你听到的信息是准确的。同时也让对方知道你是认真听了他的话。
- 询问对方你的总结是否准确，如果不准确，询问遗漏了哪些信息。这也说明你确实在意对方的观点。
- 当轮到你说时，要有礼貌地说清楚你的观点。采用自信型沟通模式，尊重对方。攻击性的语言只会让事情变得复杂。
- 如果你知道如何陈述观点，尽量使用"我"来表达，比如用"我觉得""我认为"这样的表述。
- 可以让对方复述一下你所说的内容，看他是否听明白了你的观点。如果对方没有听清楚或者没听全你所说的话，先感谢对方的倾听，然后心平气和地补充你认为遗漏的内容。

当然，即使你采用了这些策略，问题也可能得不到解决。不过，你俩对彼此的想法和感受会有更深入的了解。你可能需要接纳不同的观点，或者想出一个折中方案。

有时候，无论你怎么努力，也不会改变别人的想法。比如，你朋友的父母不在家，你的父母坚决不允许你去朋友家聚会。即使你反对父母的决定，你也要跟他们谈谈，问清楚原因后再按照他们的要求去做。

你在前面已经了解了"需要"和"想要"的区别。如果你真的有需要，那就坚持诉求，找到帮助你达成目标的人。要认真对待你的需要。如果你没有满足自己的需要，一些不好的事情很可能会发生。想要是你想拥有的东西或者想做某事的愿望，你以后可以实现，或者实现不了也没关系。

你非常努力去争取想要的东西，可能最后也没得到。如果你能坦然接受失败，你会觉得这没什么大不了的。这会让你成为别人的榜样，因为有些人难以接受失败，遇到挫折时可能会情绪失控，出现攻击行为。

世界这么大，人与人有时会持有不同的观点，产生分歧，遇到沟通难题，这很正常。如果更多的人能接纳这一点，学会用不争吵和不（用语言或肢体）伤害别人的方式解决分歧，这个世界会变得更加和平。如果你有办法改善局面，你也可以去尝试，即使别人不认可你的方法，你也不要生气，保持冷静，换个时间和方式再去试一试。

"我"的力量

"我向信息"或"自我陈述"是一种很好的沟通方式，确保你不是以指责或攻击的方式开始对话。这种表达方式既不会伤害别人，又能清晰地表达你自己的现状、想法、感受和需求。与"我向信息"相对应的就是"你向信息"。"你向信息"是指表达皆以"你"开头，通常用于评判、指责、要求别人等。许多人在与他人争论时习惯用"你向信息"。他们可能会这么说，"你根本没明白"，"你还没真正想清楚"，或者"你不知道你在说什么"。

如果你在与人沟通时用上述这些以"你"开头的句子，你觉得对方会怎么想呢？如果有人与你有分歧，他用这些句子跟你沟通，你会有什么感受？这种方式只会制造紧张情绪，无益于化解冲突。

> "我向信息"或"自我陈述"是一种很好的沟通方式，确保你不是以指责或攻击的方式开始对话。

赫谢尔的故事

11岁的赫谢尔尝试使用了"我向信息"。他想为公益组织筹一笔钱，这个组织会帮助一些贫困国家建立学校。他的父亲是帽子设计师，还有一个帽子工厂，听了儿子的想法，他非常高兴，同意把赫谢尔学校的标志印在一些帽子上。赫谢尔希望在学校里出售这些帽子，然后把收益全部捐出去。

然而，校长不让赫谢尔在学校卖帽子，这让赫谢尔很沮丧。赫谢尔冷静下来后，约了校长聊这件事。校长解释，使用学校标志要得到校区教育委员会的批准。

赫谢尔决定使用"我向信息"。他说："我感到很沮丧。我很想帮助那些孩子，希望学校能提供一些帮助。我现在很想找到一个办法，能帮助他们修建学校，让他们有个上学读书的地方。"他的沟通方式和利他行为给校长留下了深刻的印象，校长同意与赫谢尔一起向校区教育委员会提交申请。不论赫谢尔的申请能否得到批准，他都感到很自豪，因为他使用了"我向信息"并得到了校长的积极反馈。

- 你在实现目标的过程中是否遇到过挫折，并且让你很沮丧？
- 你当时感觉如何？
- 你是如何处理这种情况的？
- 你觉得"我向信息"能帮助你解决问题吗？

"我向信息"是为了向别人传达自己的想法和情绪，而不是指责别人。情绪没有好坏之分。"我向信息"就是以坦诚的方式去传达这些心理感受。这里有"我向信息"的一般惯用表达（当然，你也可以为适应自己的风格或情况而做一些改变）：

我觉得 _____

因为 _____

当 _____

我想要 _____

备注："我向信息"不能带有个人的评判、指责和威胁等。

谈判与妥协

人与人之间难免会有分歧。一段友谊结束或者一场战争爆发，这往往意味着解决分歧的各种方案失败了。如果让冲突双方都能得到部分满足，这是不是比友谊破裂或战争要好呢？

如果你的回答是肯定的，那么你可能会考虑如何通过谈判与妥协的方式解决矛盾。谈判过程本身就是一个妥协的过程。

当然有时候谈判不一定要妥协。正如你之前读到的，如果你认为你的需求很重要，必须得到满足，那你就不能妥协。

如果妥协对于解决分歧有帮助，你可以和别人一起头脑风暴，提出具有创新性的解决方案，尽可能让冲突双方达成和解。

> **安吉莉卡的故事**
>
> 安吉莉卡和妈妈彼此妥协了。安吉莉卡想去参加朋友的聚会,但她的妈妈要求全家人都去参加表姐的高中毕业典礼。最后她们达成妥协方案,安吉莉卡先参加2个小时的家族活动,然后她的父亲开车送她去参加朋友的聚会。尽管安吉莉卡没有像预期那样全程参加朋友的聚会,但她和父母都欣然接受了这个妥协方案。
>
> - 你曾经妥协过吗?
> - 你的感觉如何?
> - 你有没有觉得自己太容易妥协了?
> - 尽管你没有得到你想要的一切,你是否顺利地得到了真正想要的呢?如果是的话,那真是太棒了!你正在学习与人相处以及与人合作的重要技能。

学会求助

大人的介入和支持会带给你一些创意性的干预措施。前文已说得很清楚,危险的状况应该告诉大人,以确保每个人的安全。有时候,大人还能帮助你组织活动,减少同伴冲突。

路易斯的故事

11岁的路易斯希望学校的学生们都能和睦相处，即使他们属于不同的群体。当他努力想让同学们不要相互嘲笑和辱骂时，他却遭到了嘲笑和辱骂。这让他很沮丧，认为自己无力改变现状。

路易斯认真思考后，决定把自己的想法告诉老师。他的老师认为他的目标很好，但需要改变计划和方法。在校长的帮助下，路易斯和老师策划了一个学校竞赛日，同学们被分成不同的小组，分别参加数学游戏、科学游戏和填字游戏等。在路易斯的帮助下，校长将来自不同社交群体的学生分成一组，这些学生必须相互协作才能完成游戏。

所有学生都去体育馆集合，了解比赛规则。老师还说，如果小组能在最短时间内完成最难的题目，那他们一个星期都不用写家庭作业。大家听后非常兴奋。可是，当看到通知栏里的分组名单时，他们就没有那么兴奋了。

路易斯原以为那天会很糟糕。但是，当比赛开始后，同学们都在努力合作，共同完成任务。几个小时之后，大部分学生都和组内其他人玩得很开心。活动快结束时，许多学生已经能够接纳和欣赏别人的不同之处。他们明白了，同学之间即使不是朋友，也能找到彼此的优点。这些学生是真正的赢家！

- 你有和路易斯类似的目标吗？
- 如果有，谁能帮你完成它？

从小处开始

想一想你最近遇到的一次分歧。除了争吵外，你还能想出谈判和妥协的解决办法吗？

想想你自己，你是用哪种方式进行沟通交流的，消极型、攻击型还是自信型？如果你知道自己有不自信的情况，可以尝试（在大脑里）用角色扮演的方法，来确定你会如何自信处理这种情况。这个方法有助于你提前练习自信技能，方便你以后使用。

第六章

不公平，怎么办？

对于那些要求你遵守的规则，你都愿意遵守吗？有时你可能反对某些规则，并且想改变它们。这些规则可能是公平的，但很烦人，也可能真的不公平。有些是明确规定的规则，比如，考试禁止作弊。有些是非正式的规则，比如，一群朋友遵循的规则，即使没有明确规定，但他们依然遵守并依此行事。

在这一章，你会重新认识和思考规则存在的意义，决定它们是否需要改变。

在上一章，你已经了解如何妥善处理分歧。这对于你改变长期存在的规则非常重要。你可能会让喜欢这些规则的人心生不悦，遭到固守规则之人的抵制。当事实证明规则难以改变时，你可能会非常沮丧。这时，解决问题和处理分歧的能力与耐心就很重要。

试着完成下面的小测验，这里列出了日常生活中我们可能需要遵循的规则或行为模式。如果是你，你会如何应对，会有什么样的感受？请阅读每道题目，选出与你的情况最接近的一项。

这个小测验可以让你重新思考身边的规则，如何处理规则，以及规则对你来说是否公平。

小测验

1. 你认为毕业典礼要求盛装出席不公平，你会：

    a. 同意盛装出席，但要在典礼即将开始前才换衣服。

    b. 跟校长谈谈，礼貌地表达你的不满，但不会听他的想法，因为你认为他是错的。

    c. 跟校长谈谈，礼貌地表达你的不满。然后认真倾听他的想法，你愿意重新考虑你的想法。

2. 你的朋友觉得这个世界不应该有规则，只要她不认同某些规则，她就不遵守。你会：

    a. 认可她的做法，觉得她很酷。你也想和她一样，因为她总是无拘无束，自信满满。

    b. 和你的朋友一样，觉得规则不公平时就不遵守。不过，你也会遵守你认可的规则。

    c. 提醒她留意某些规则，因为不遵守这些规则会有安全隐患。你会和大人谈一谈，在没有安全问题的前提下，有些规则是否能改一改呢。

3. 在你们年级里有一个很受欢迎的同学，他总是制订一些规则，规定别人应该和谁说话或者不要理会谁。你也想成为受欢迎的人。你会：

    a. 遵守他的规则，不理会那些他不喜欢的人，尤其是他在你身边时。

b. 试着去改变他的规则，因为排挤别人会让你不舒服。

c. 不遵循那些排挤别人的规则，如果受欢迎是以伤害他人感情为前提，你宁愿不和他做朋友。

4. 你的父母制订了一个规则，只有做完家庭作业才能用电子设备。你不喜欢这个规则，你会：

a. 关上房间的门，你想什么时候用电子设备就什么时候用。

b. 试着提出一个替代规则，比如，只要考试取得好成绩，你在任何时候都可以用电子设备。

c. 找时间和父母好好聊聊，问问他们为什么要制订这样的规则，把你的想法告诉他们，寻求双方都能接受的方案。

5. 你注意到，很多孩子更喜欢和自己相似的人一起玩。你不喜欢这种行为模式。你会：

a. 睁一只眼闭一只眼。你很难改变现状，改变那么多人。

b. 试着认识来自不同群体的孩子。改变从自我做起。

c. 试着去了解这种事情发生的原因，从别的群体中找到一些也想改变这种模式的人，和他们一起探讨这件事。

如果你的回答大多是"a"，那你可能需要了解如何处理不喜欢或者不公平的行为模式和规则。

如果你的回答大多是"b"，那你可能正在学习如何冷静地处理那些你不喜欢的规则或行为模式。

如果你的回答大多是"c"，那你可能已经有了良好的自我意识，会灵活而礼貌地处理那些不健康的、恶意的或者对你没有意义的规则。

规则公平吗?

想一想你所遵守的规则是否公平,这挺重要。有时我们只去遵守规则,没有考虑规则是否公平,等我们为此感到心烦意乱,碰了一鼻子灰后才发现规则的不公平。有些规则没有让你感到不舒服,但对有些人来说是不公平的。有些规则会让你很烦,但你又不得不遵守它,因为它的存在自有它的道理。你现在是不是有点困惑?请接着读下去。

在历史上,规则一直在被重写和改变。例如,马拉拉·优素福·扎伊因为不满巴基斯坦的女孩不能上学而成为了一名青少年活动家。她努力想改变现状,为所有孩子争取受教育的权利,因此获得了诺贝尔和平奖。马丁·路德·金作为美国黑人民权运动领袖,他主张种族平等,反对种族歧视的规则(比如基于肤色的公共汽车座位)。

有时候,一些重大的改变需要许多人的努力才能实现。相比之下,你今天要改变的事情似乎微不足道。然而,任何积极的改变都是进步。选择一个你认为很重要的改变,想想有哪些方法能够帮助你实现它,能否让身边的人(包括一些成年人)和你一起努力。这样,当你注意到这些积极变化时,你自然就会很高兴。

想一想,你想改变或者遵循哪些规则。你是如何评价它们的。让我们看看三种常见的规则类型。

合适、舒服和公平

当规则是公平和舒适的,你愿意遵守规则,因为它能让我们每个人知道遵守规则的预期结果。生活中,你需要遵守的规则大多是公平的,甚至很多成年人需要遵守的规则也是如此,比如遇到红灯要停车。这个规则是为所有人的安全而制订的,路上开车的人、行人或者骑车的人都要遵守。

惹人生气但公平

这类规则可能会让你心生不满,即使你明白它存在的意义。举个例子,你特别想玩过山车,但是你的身高不符合要求,工作人员不让你玩。这个规则是为了保障人们的人身安全,一旦你了解了这个规则,你可能就不想去改变它了。

如果你的父母制订了一个规则,即任何人都不允许把手机带到餐桌上,除非爸爸妈妈需要处理紧急事务,这个规则可能让你不开心。不过,这个规则要求每个家庭成员都遵守,目的是让家庭的美好时光不受打扰。尽管你不乐意,你想用手机随时和朋友保持联系,你也必须接受这个规则。

惹人生气且不公平

这类规则对你来说似乎不合理或者不公平。当你遇到这种规则时,你可能会想办法改变它。比如,学校有一条规定,只有进乐队满一年的学生才能开独奏音乐会。你觉得这不公平。

虽然你进乐队没有满一年，但是你刻苦练习了，深信自己有能力开独奏音乐会。可是，你必须遵守这个规则，因为它有存在的道理。规则并没有伤害到谁，对于每个人来说，它让所有人都有了同等的机会。在判断一条规则是否真的不公平之前，你应该尽可能收集全面的信息。

在审视一条规则时，先确定这是哪一类规则，再决定是否值得花费时间和精力去挑战它。有些社会习俗或行为规则，并不带有歧视性，而是为了尊重别人。在这些情况下，即使你不喜欢，你可能也不想去挑战它们。比如，在某些文化中，鞠躬时要比另一个人低，避免眼神交流或者保持眼神交流，这些都是特定的社交礼仪，而不是对别人的消极抵触。

有时人们会因为规则带来的不便而烦恼。比如，你的父母规定周一到周五的晚上不允许你去参加音乐会，你可能会为此而沮丧，特别是你的朋友能去而你不能去的时候。但是如果你的父母说，虽然平时不可以，但是周末你可以去参加音乐会，而你的一个朋友也想周末去，你还想改变他们的规则吗？或许你就不想改变了。如果你想改变规则，但你很难改变，而这条规则也并不是不公平，只是让你心烦，这时你应该想想如何克服规则给你带来的挫败感，而不是改变规则。

格洛丽亚的故事

格洛丽亚今年13岁。她发现学校的老师跟学生不在同一个餐厅用餐。这让她有些不舒服。当她跟父母抱怨此事时，她的父母建议她先做一些调查研究，想想学校为什么会制订这个规则。

格洛丽亚在调查后发现，30年前学校刚开办时，老师们就有了独立的餐厅。她去找了一些老师，询问他们是否喜欢这个独立的就餐环境。所有老师都说喜欢这个餐厅，但也表示，如果偶尔能在学生餐厅跟学生们一块用餐，他们会感到很开心。

格洛丽亚接着想弄明白，老师们为什么喜欢这个独立餐厅，在这用餐到底有什么好处呢？她发现，老师们吃的饭菜跟学生是一样的，用的餐具也是一样的。但是，他们在用餐时经常探讨课程，分享测验信息，相互之间提供专业性支持。格洛丽亚又调查了学生的意见，她惊讶地发现，很多学生都不愿意和老师一起用餐，因为他们想聊一些私事。

格洛丽亚很高兴自己在改变规则前做了这个调查。她明白，老师和同学都是平等的，他们在各自餐厅用餐时都有收获。她不再想着改变这个规则了。她计划找机会邀请一些老师来学生餐厅和学生共同用餐，这似乎对老师和学生都有好处。

- 在确定目标前，你有没有像格洛丽亚那样去做调查？
- 如果你觉得事情不公平，你会如何做？

你能改变一些不公平的规则吗？

如果你觉得一条规则不公平，你可以问问自己，你是否有能力改变它。毕竟一个孩子能改变这个世界吗？但事实上，如果你的目标符合实际，清晰明确，你就可以做到。当然，在试图改变规则之前，你要花些时间和精力去考虑一些重要的事情：

- 弄清楚人们为什么要制订这个规则，收集足够的信息以便于找到原因。
- 为什么这个规则可以保留下来？
- 是否有人或群体从规则中受益了？
- 改变规则会带来哪些积极的或消极的结果？

一条规则是真的不公平，还是你个人觉得不公平，你需要认真思考。如果你满怀激情地设定了一个目标，之后还要尽力去实现它，那么，是不是应该先确定这个目标值不值得追求呢？

改变从制订目标开始

要想改变，就得先制订目标。这个目标要切合实际，具体明确。一个切合实际的目标，即使实现的可能性很小，也是有希望实现。比如，你一天要考试两门课，你或许觉得这不公平和不合理。你的目标是希望在一周之内每位老师各安排一天进行考试。这个目标现实吗？你能实现吗？你可能会实现，也可能实现不了，只有为目标努力才知道是否可行。如果你的目标是让所有的学生都能进入大学足球队，这就不现实，因为球技不好或者踢球水平不高的孩子在比赛或训练中可能会受伤，进不了足球队。

当你制订目标时，要尽可能把目标定得具体一点。如果你告诉别人，你的目标是"让世界变得更加公平"，他们可能认可你的目标，但实际上并不知道你要做什么。你的这个目标真的很棒，接下来，你需要花时间把目标细化，思考如何一步一步去实现它。想一想你的近期目标是什么，短期目标是什么，长期目标又是什么。

比如，你想让老师把考试安排在不同日期，你的近期目标就是和老师或者校长聊一聊，从而了解更多的信息。你可能很快就能实现近期目标。短期目标是让老师知道，假如几门科目的考试碰巧都安排在同一天，他们是否能更改一下考试日期。那长期目标就是要制订一个时间表（或者让校长来制订），让各科老师提前确定考试日期。这个长期目标需要你有耐心，积极礼貌地和老师沟通，这样才有利于达成目标。

孩子们经常想让世界变得更加友善与和平。如果这也是你的目标，你应该知道要实现它并非易事。不过，你不必独自一个人去做这件事。

为了实现你的目标,你要先制订一个现实的近期目标。还记得前面的好人卡吗?如果你想对别人的善意表达感谢,那像送好人卡这样简单的方式就能让你实现目标。

成年人和孩子都喜欢你去"发现"他们的善意,只要他们认为你不是在评判或者决定他们是否善良,不是在显示你的优越感。倘若送好人卡提醒了别人你很珍视他的这种友善行为,那么他会更有动力去做更多的好事。即使你没有特意去改变某条规则,你也影响了别人,影响了这个世界。

遇到挫折怎么办?

应对挫折与追求目标同样重要。假如你的目标是参加奥林匹克运动会,但是你在本地赛就失败了,你冲裁判大发脾气。如果你没有获得金牌、银牌,只获得了铜牌或者什么奖都没有获得,你对裁判大吼大叫的行为能代表你们国家的形象吗?如果你只有赢得了比赛才会高兴,你觉得队友会感觉到你的关心和支持吗?

如果你能尊重别人,认可别人的努力和成就,并不期望所有人都赞同你的目标,这样你才能得到别人的支持和帮助。

如果你真的想让别人倾听你设定目标的理由，并支持你，甚至是帮助你，以下几点建议你应该重视：

- 保持心平气和。你的愤怒只会让别人抵触你的想法和目标。
- 把你的目标说清楚。你为什么想实现这个目标，你是否已经考虑过利弊。
- 要有耐心。变化往往不会立即发生。
- 给别人留出考虑时间。
- 提供一个更能贴近你目标的折中方案。
- 如果别人给你提出了实现目标的其他方案，你要认真倾听。
- 尊重别人。

想一想，如果人们都能以相互尊重的方式去处理冲突或者应对挫折，这个世界将会变得怎么样。在你努力实现目标的过程中，有些人不一定总是支持你，但你应该让大家看到你是如何应对挫折的。你可以现在就试试！

杰森的故事

杰森11岁了，他觉得如果每天延长一点课间休息时间，同学们的学习压力会小一点，上课时注意力会更集中，他自己也会更开心。更重要的是，他相信所有学生都能从中受益。

杰森询问了几位同学，看看他们是否同意他的想法。大部分同学都同意他的想法，希望延长课间休息时间，从而能有更多的户外时间。但有一位同学不同意。杰森很生气，对他说："你是个人还是个学习机器？你有毛病吧？"

之后，杰森让同学们和他一起去找校长谈论他的想法，有些人不去，因为杰森试图强迫大家同意他的想法，这让他们很不舒服。当他自己去找校长聊这件事时，校长解释了课间休息时长设定的原因，但杰森认为校长并没有真正关心学生。

最终，杰森失去了同学们的支持，而校长也认为他是想摆脱学校安排的学习任务。在这件事中，杰森没有心平气和地分享自己的想法和理由，也没有提前准备一个能够减轻学习压力的备选方案。

- 如果你是杰森，你会如何实现目标？
- 如果你遇到一个阻碍你实现目标的问题，你会有什么感受？

坦然接纳你能改变的和不能改变的

你在本章开始已经读到，我们的目标需要切合实际，能够实现，但这并不容易。设想一下，如果科学家们不相信他们能够研发出治疗疾病的药物，那结果将会如何？

有时候，即使别人觉得你的目标不切实际或者不现实，你也要相信你的目标是可以实现的。或许有朝一日，每个人都会惊叹，你居然实现了自己的目标。那时，你会有什么感觉？不过，如果你的目标非常远大，那你需要接受一个现实，即实现它需要投入许多时间和努力，也会遇到各种挫折。你可以设定一个小目标，看看是否现实，如果能够实现，再继续努力完成大一点的目标。如果你都能完成这些目标，那么你也可能会实现别人认为的不现实的目标。

这里有一些建议，可以避免你过度沮丧：

- 在设定大目标的同时，也设定一些小目标，比如近期目标和短期目标，这样你在完成大目标的路上就会充满成就感。
- 你可以先让别人了解你的目标，他们可能会愿意帮助你完成目标。
- 提醒自己，没有人能创造出一个让每个人都觉得"完美"的世界。如果有人不赞同你的想法，你也不必为此焦虑不安，可以认真倾听和了解他们的想法。

- 反思一下自己的言行举止。为了让世界变得更加美好,你该怎么说,怎么做,你今天又能完成什么样的小目标?

- 如果你很容易沮丧,你可以做一些正念、冥想和放松练习。

有些规则你无法改变,那就去关注那些容易改变的规则。每当你改变了一个不公平的规则或者群体的行为模式,你就是在改变这个世界,为自己的努力而自豪吧! 看看你的周围,看看你学校里的那些同学,他们是如何对待彼此的。如果你花时间去了解他们,包容他们,谁会更受益呢?即使你善意的行为和努力并不能总是得到一个好的结果,你也会发现,大部分人还是喜欢被认可和关心的,比如有人跟他们热情打招呼或者邀请他们参加活动。

从小处开始

想想你的目标,你会怎么做,会如何与别人谈论你的目标。你是否能找到你想改变的规则?改变之后会让大家内心更舒服吗?

看看你的家里、学校和社区,你能想出想改变的东西吗?比如某条规则或者人们对待他人的方式?改变之后人们会不会感觉更舒服或者被尊重?如果是的话,把它记下来,在第七章,你将读到下一步该怎么做。

第七章

如何制订计划并实现目标

你有没有一个现实可行的目标？如果有，说明你已经迈开了最艰难的一步。无论你的目标是小还是大，是易还是难，本章将带你学习实现目标的步骤。有意思的是，这些步骤同样也可以帮助你制订日常的目标。

有些目标很容易实现，不需要详细的计划。例如，今天你想跟一位新同学打招呼，你只要在遇见他时记得去做就行了。如果你想了解他，你就得提前想好要问的问题，这样才显得有礼貌。

制订目标和实现目标所需要的技能是不一样的。或许你已经掌握了一些技能，比如毅力（意志坚定和坚持不懈）、组织力（制订计划并逐步实现目标）和启动能力（知道如何开始实施计划）等。如果你在这些方面还有欠缺，这一章会帮助你提升这些能力。

你是否有一个很难实现的目标？如果有的话，马克·吐温的话或许能激励你："开始的秘诀就是将令人窒息的复杂任务，细化成可操作的小任务，然后开始做第一件。"

请先做一下小测验，这是为了让你更好地了解自己。无论你的回答是什么，你的答案并不意味着你很难实现目标，或者不用努力就能实现目标。当然，一旦你学会了本章提到的一些方法，你会觉得更有信心和能力去实现目标。

小测验

1. 一个学年快结束了，你的科学期末考试也快到了。考试范围是你这一学年所学的科学课内容。你会怎么做呢？

    a. 看着科学笔记和科学课本，非常紧张。你会想："我考不好，为什么还要费心复习呢？"

    b. 不知道从哪儿开始复习，之后会寻求父母的帮助，考前的每个晚上和他们一起复习。

    c. 知道自己复习功课的最好方法。你决定按照主题复习，把所有主题列入考前学习计划，每晚都复习一个主题。

2. 在线上聊天时，你和朋友有了一个关于新玩具的想法。你们约了时间当面聊，讨论如何生产和出售新玩具。见面时，你：

    a. 意识到，从获取原材料、生产玩具到销售，都需要做很多工作。你对朋友说："这不是我真正想做的事情。咱们随便聊聊就行了。"

    b. 意识到很多事情都不知道该怎么做，但还是决定参与这件事，因为你的一位朋友很有组织能力，他把目标细化成一个个步骤，你的另一位朋友很有激情，让你备受鼓舞。

c. 意识到这个目标可能并不现实，和朋友商量后，决定在确立目标前先收集更多的相关信息。

3. 你想在学校里开展一项反欺凌活动。当你把想法告诉几位朋友后，他们也想参与进来。你会：

a. 独立去做这件事，因为这是你的想法，你不想让他们帮助你。

b. 让朋友来帮忙，但要服从你的安排，你仍然是这次活动的主要负责人。

c. 很开心，因为你可以组建一个团队，大家齐心协力办好这次活动。

　　如果你的回答大多是"a"，那你可能需要了解如何做到坚持不懈，有条理，团结合作并实现目标。

　　如果你的回答大多是"b"，那你可能正在朝着目标努力。本章所提供的一些建议会帮到你。

　　如果你的回答大多是"c"，那你可能已经懂得如何做到积极自信和有条理，并朝着目标努力。恭喜你！接下来，你可以了解如何开始做一件事了。

把目标分解成容易实现的小步骤

如果确定了要完成的目标,接下来,就是努力实现目标了。不过,万事开头难。要想实现目标,那得制订一个有效的实施计划而不是随口说说而已。许多人在制订计划时就已经伤透脑筋了。

你知道如何把大目标分解成若干个小步骤吗?例如,你要把一项大作业分解成若干个小步骤,你觉得容易还是困难?假如你要在班上做演讲,你有一个月的时间去确定主题,搜集材料,准备演示文稿以及简短的发言稿,你知道如何合理安排每一个步骤的时间吗?

想象梯子的样子,你也可以把它画在纸上。现在把你的目标写在梯子的顶端,到了这里就意味着实现了目标。在到达那里之前,想想你需要采取的步骤。在梯子的每一格,你都需要制订一个几天或几周内能完成的可操作的步骤,从而帮助你一步步完成目标。当你把目标分解成小步骤时,你就不会手足无措了。你学会了吗?

如果你不知道该如何分解目标,那你就要积极主动去找别人商讨,一起头脑风暴解决问题。比如,你不希望有人在学校里嘲笑别人,但不知道该怎么办。有时,老师会有一些好建议,可以随时提供给你。心理学家也很擅长解决这个问题,能给你提供建议。所以,勇敢地说出需求并寻求帮助也是帮助你实现目标的重要技能。

杰里米的故事

杰里米是一位七年级的学生，他想给那些毕业于他们学校的大学一年级的学生们写一封信。他认为这是一件很有意义的事情。

杰里米画了一个梯子图，在它的顶端写下了他的目标。他把梯子分成了很多格，每一格对应一个细化的步骤，这样他能控制好每一个步骤，自己也不会有太大压力。从下往上，他的步骤依次是：

1. 问爸爸妈妈有哪些建议。
2. 跟校长或辅导员讨论自己的想法，看看是否可行（比如，我是否能获取这些学生的地址）。
3. 如果我得到这些地址，那我需要打印信封的邮寄标签。如果校长同意帮我寄出这些信件，就按步骤3、5、6继续。
4. 如果校长和辅导员说我的想法不行，那就看看我是否可以把这封信刊登在报纸上。
5. 准备寄信用的信封和邮票，看学校是否愿意提供。
6. 将标签和邮票贴在信封上。
7. 问问班长和学生会主席，看他们能否让其他学生也来写信。
8. 写一封或者多封信。
9. 润色信件的内容。
10. 打印信件。
11. 把信件装在信封里并寄出去。

- 这些方法对完成学校的大作业或者实现利他目标有用吗？
- 如果你有和杰里米一样的想法，你会怎么做？

制订实施计划

现在该你为自己的目标绘制梯子图了。在梯子的顶端标上你的目标，在梯子的每一格都标上步骤，这种画梯子的方法也能帮助你更好地制订计划，激励你完成每个步骤。请想一想：

- 你的目标是什么。
- 完成目标需要多少步骤。
- 完成目标需要多长时间。
- 你需要什么材料。
- 你是否想要或需要大人的帮助。
- 你是想独立完成这些步骤，还是想和别人一起努力实现目标。

当你尝试完成一个很重要的大目标时，遇到难题是非常正常的事情。如果你的目标是让世界更加和谐，那你从哪里开始呢？记住，友善是会传染的。如果你和同学们一起营造了尊重和谐的班级氛围，那么你们在其他场合也会更友善！如果你的方法在某个场合有效，那么你可以把这个方法用到其他场合。如果你在日常生活中不断帮助周围的人减轻压力，提高共情能力，那么你已经走在了让世界更加和谐的道路上。

要有足够的耐心

实现重要的改变通常需要时间和耐心。假如马丁·路德·金、罗莎·帕克斯、居里夫人、温斯顿·丘吉尔在向世人传达一两次他们的想法后,就放弃了他们的梦想,那结果将会怎么样?改变很难很快实现,要达成你所期待的目标可能需要花费更多的时间,你是否已经为此做好了心理准备?

认真思考你的目标(这可能是目标梯子图中的第一步),你是否真的相信这个目标能够实现?如果这个目标还要在很长一段时间后才能实现,你是否决定为之努力?如果这个目标不太现实,你是否准备把它修改成更可行的目标?

实现长期目标可能会让人沮丧和疲惫。如何才能保持积极性呢?很多孩子在完成小目标后会采用自我奖励的方法,比如表扬自己,向别人展示自己的小成就,得到别人的积极反馈。你也可以为自己做一些有趣的事情。就像前面说的那样,要想成为一个利他主义者,成为一个挺身而出的人,善待自己很重要。

> 要想成为一个利他主义者,成为一个挺身而出的人,善待自己很重要。

瑞秋的故事

瑞秋是九年级的学生，她有一个让九年级同学与七年级同学结对子的想法。她认为两个年级一起参与学校改善计划，能够赢得更多人的支持。

于是她开始询问朋友们，看看他们是否赞同她的想法。所有朋友都表示，他们非常喜欢这个想法，想和她一起为这个目标制订计划，并交给辅导员。起初，瑞秋还很生气，她觉得朋友们盗取了她的创意。后来她才意识到，这个计划真的需要大家的共同努力，她只是完成了计划的第一步，即鼓励朋友们加入到这个计划中来。

瑞秋召集愿意参与的朋友开了一个会。这个会议虽然是她主持，但是她征集了每位团队成员的意见，询问了他们关于如何推进计划的想法，并且根据他们的意愿委派了具体的任务。

为了更好地实施计划，瑞秋和她的团队进行了小规模的实验，让一个九年级的班级与一个七年级的班级结对子，这次实验取得了很好的效果，这让瑞秋和朋友们很开心。他们决定继续推进计划，完成他们的大目标，即全体九年级学生与全体七年级学生结对子。

- 如果别人想加入你的计划，和你一起完成目标，你觉得怎么样？
- 假如你是瑞秋，你愿意先进行小规模的实验（小目标），还是一开始就让两个年级的全体学生结对子（大目标）？

一人还是团队

你是独自完成目标还是组建团队共同完成目标，这其实并没有"正确"答案。这取决于多个因素：你工作的效率有多高，是否有太多事情需要团队才能加快进展，团队成员是否能团结合作，他们是否愿意为你的梦想努力。

如果你有一个大目标，但你害羞、焦虑，或者不敢说出来，这时你可以邀请信任的朋友或大人来组建团队。邀请别人和你共同完成目标，这没什么不对。

如果你性格开朗，喜欢社交活动，那你可能喜欢团队合作，而不是独自去做事情。说服别人与你一起为目标努力，这本身就是一个小目标。如果你能说服别人（即使只有一个或两个人）相信，让世界更加和平是一个有价值的目标，这意味着你已经开始为实现目标而组建团队了。

如果你想独享目标达成后的所有功劳或荣誉，那你可能就会怨恨团队成员最后要分走一杯羹。如果真是这样的话，你应该重新考虑你的目标，看看是组成团队加快达成目标重要，还是你独立完成目标后独享荣誉更重要。

团队合作可能比你独自一人能更快地实现目标。以下是关于团队合作的一些建议：

- 头脑风暴。让每个人各抒己见，看看如何实现目标。你或许能发现有人知道如何更快地完成目标！

- 询问每个人，他们最想做哪个步骤。
- 将团队分成若干小组（更小的团队），如果可能，不同小组同时完成不同的步骤。
- 安排定期会议，讨论哪些工作已经完成，是否遇到了困难，并决定下一步做什么。
- 向团队成员表达你的感激之情，倾听他们的意见，真诚地赞美他们的努力。你可能会发现，当他们的付出得到认可后，他们更愿意为目标努力奋斗。

有时，当人们聚在一起工作时，他们最终会在社交上花费很多时间，而没有专注于目标的完成。理想的情况是营造一种积极的社交氛围，在这种氛围下，人们朝着目标共同努力。

敢于拒绝

如果你决定以团队合作的方式达成目标，那是否应该让所有对目标感兴趣的人都参与进来呢？你可能会认为，拒绝他人显得有些吝啬或者没礼貌，所以你不想拒绝任何人。这个想法似乎合乎情理，因为这意味着有更多的人来帮助你实现目标。但是，如果一个看热闹的人甚至嘲笑你的人想参与你的计划，你还会同意吗？很显然，有些人加入你的团队只是为了嘲笑你，你让他参与进来可能不会产生任何积极的作用。

一般来说，那些愿意花时间和你共同努力完成目标的人，是真的想加入你的团队。你或许可以借此机会让他们加入你的团队，大家相互促进，共同进步。当然，一个人是否热心友善，不要急着下结论，这对你是有帮助的。

毅力和条理性

有一个术语叫"执行功能技能"，这对人们很重要。执行功能技能是人们开启计划，管理时间，搜集材料，保持毅力等所使用的技能。

如果我们说一个人有毅力，意味着即使离目标还很远，他仍然能克服困难，坚持不懈地努力。如果你想让身边的人都能做到乐于助人，这个目标需要你做很多事情，很难一朝一夕就能实现，甚至根本实现不了，你会选择放弃吗？

如果要花很长时间才能实现目标，你还愿意坚持不懈地努力吗？如果你是一个很容易气馁和放弃的人，那就设定一个很快能实现的短期目标。这个目标实现后，你再确定一个新目标。

即使你能坚持不懈地努力，你做事也能有条理吗？你是否能绘制一个逐步实现目标的梯子图？如果你想做海报，你会收集所需要的素材吗？如果有孩子想加入你们团队，你会合理安排与他见面的时间吗？有条理可以帮助你节省很多时间，让你不会手忙脚乱地找材料，不会因为忘了拿资料而不得不联系朋友重新安排见面时间，也不会忘了告诉别人见面的时间等。

重新评估目标和计划

有时，人们把大量的精力投入到任务中，却忘了想一想他们是否真的离目标越来越近。如果经过一段时间的努力，你发现自己很沮丧，或者你的目标现在看起来似乎不现实了，那就暂停一下。也许你需要重新评估目标。

你可以问自己几个小问题：

- 我还想实现这个目标吗？
- 这个目标是现实可行的吗？
- 哪些困难让我很沮丧（如果有的话）？
- 我需要其他同学或大人们的帮助吗？
- 我应该改变策略吗？
- 我是否应该制订一个更现实的目标，将来再实现大目标？

你有没有听过"再接再厉，终会成功"？这句话通常用于提醒我们要坚持到底不放弃。但是，如果你的目标并不现实或者你的方法没有效果，那你会怎么办？这时，你可以停下来，

> ★ 如果经过一段时间的努力,你发现自己很沮丧,或者你的目标现在看起来似乎不现实了,那就暂停一下。也许你需要重新评估目标。★

深呼吸放松一下,回顾所做的事情,并重新评估目标,然后做出正确的决定。

放弃一个不切合实际的目标,重新确立一个现实可行的重要目标,这是灵活性和适应性的表现。

寻求帮助

假如你独自生活在一个没有网络的荒岛上,你很难寻求别人的帮助。幸运的是,在实际生活中,有很多人可以帮助你。

你可以和大家一起头脑风暴,集思广益,并了解他们的想法。在你逐步实现目标的过程中,如果哪一步需要成年人的帮助,要积极向他们求助。敢于求助也是自信的表现。

从小处开始

练习采用梯子法管理你的目标。假设现在你有个项目或者考试，你可以把它分解成若干个步骤，放在梯子的每一格上，把你的目标放在梯子的顶端。

想一想，你和别人合作是否愉快，如果是，恭喜你自己！如果团队成员相处融洽并且共同努力，那么团队合作会让目标更快实现。如果你和他人合作不顺畅，但是团队合作又很有必要，你可以在日常生活中试着学会清晰表达需求、相互尊重的沟通技巧、谈判和妥协等，这些技能对你以后与人合作也有帮助。

第八章

头脑风暴：
我能做什么？

现在你对自己、你的能力和目标都有了全面的认识,是时候一试身手了。在家里、学校、社区以及这些范围之外的世界,你可以做哪些事情?本章将给你提供一些建议。

要知道,这些建议只是供你参考,不是对你的强制要求。如果你采纳了其中的一条建议,那就已经很棒了!想一想,你自己是否有更适合自己和周围人的好主意。

如果你发现了问题,即使本章未提及,但你依然决定解决它,那就太好了。如果要把一个人能积极影响世界的所有方法都列出来,估计一本书乃至几本书都不够。本章给你提供一些基础性的方法,好让你知道从哪里开始。

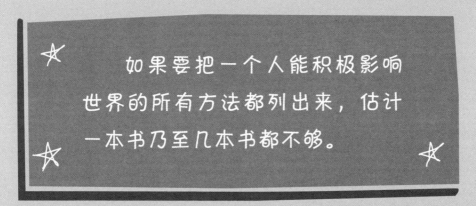

如果要把一个人能积极影响世界的所有方法都列出来,估计一本书乃至几本书都不够。

家里：如何让家里更有爱

你可以在家里练习成为一个挺身而出的人，成为家庭成员的榜样。毕竟，家可能是你待的时间最长的地方，也可能是你能改变的地方。这里有一些好建议：

- 从自己做起！在家里与兄弟姐妹或者大人发生争执时，你会用在第五章学到的放松技巧和相互尊重的交流方式吗？尽管这不是很容易，但这是树立榜样的一种方式，给他们展示如何在心情烦躁时保持冷静。
- 尝试使用积极的自我对话而不是消极的自我对话，这样你就能保持自信和自我满足感，从而帮助别人学会积极的自我对话和善待自己。
- 花点时间陪伴家人。弟弟妹妹通常都喜欢跟哥哥姐姐一起玩。多花点时间陪陪他们，让他们感受到你对他们的重视，让他们知道你喜欢跟他们在一起。这会让他们更自信、更幸福。你的行为可能会让他们更加友善和宽容。
- 如果你有一个哥哥或姐姐，试着找时间一起开心地聊聊或玩耍。看看他是否愿意和你一起努力让我们的世界更美好。或许他已经有了一些想法，比如，哪些需要改变或者哪些事情现在就可以去做。

- 当家人做了好事或者克服挫折时，请不要吝啬对家人的关心和赞美。赞美家人要具体，要说清楚赞美的具体理由。
- 你可以把爱爸爸妈妈的理由写在纸条上，把纸条放在他们的枕头下面或者上面（如果他们允许你进入他们房间的话），给他们一个睡前大惊喜。
- 向需要帮助的家人伸出援助之手，比如，帮家人做一些家务活，主动帮助兄弟姐妹复习功课（当然要以他们同意为前提）。
- 如果你的兄弟姐妹发生争执，你可以帮助他们冷静下来，学会互相理解和尊重，从而解决矛盾。你甚至可以教会他们谈判和妥协的一些方法。

学校：帮助同学 同时要保护好自己

当你和朋友开心玩耍或者专心学习时，你可能会发现一些问题。如果你在学校里发现了歧视、侮辱、嘲笑他人的行为时，你可以运用本书所学到的方法，想一想是直接提供帮助还是去通知大人（既能保证其他学生的安全，又能保护你的安全）。

这里有一些在学校里帮助别人的建议：

- 学会团结合作，不要排挤、孤立别人。有时候你可能只想跟朋友在一起，这没什么问题。但是，有时候，让一个孤独的同学加入你们的团队对大家都有帮助，也会给大家带来更多乐趣。

- 尽量不要成为消极的旁观者，即使这不是你的本意（比如，你会因为害怕和紧张而一起嘲笑别人）。帮助别人也尽量采用能保护自我安全的方式。

- 如果有同学请假好几天了，你可以给他发条信息，真诚地向他问好，这会让他感觉到自己很重要！

- 真诚且具体地赞美他人。

- 如果老师或者同学正抱着许多书，而你没有带太多东西，你可以主动提供帮助。

- 和同学商量一下，看需要做些什么能让学校的氛围变得更加和谐。你可以和同学们组建团队，用你学到的新方法，一起为目标而努力。

- 如果你们学校有一群想改变世界的同学，他们是否组建了一个社团？如果没有，你可以向辅导员或者校长请示，看他们是否同意你组建一个这样的社团。

- 在得到校长或者其他工作人员的同意后，你可以在校园里张贴反欺凌的海报。

- 你有没有可能定期去帮助低年级的同学？如果老师同

意，你可以挑选一些培养自信和解决问题能力的书，读给这些同学听。

- 使用第四章提到的好人卡，让别人知道你认可他们的善意行为。
- 在策划活动或者项目时，你可以邀请其他群体的孩子加入你们的团队。你可能会发现，不同群体的孩子虽然交往比较少，但是也有共同的兴趣爱好。
- 还记得微笑的力量吗？对人微笑，甚至可以热情打招呼，这样他们知道你认可和尊重他们。

社区：力所能及，乐于助人

你的邻居是跟你住在一栋楼里还是一条胡同里？想想你认识多少邻居，你知道如何帮助他们吗？

在帮助别人前，你要想想他们是否需要帮助，你的父母是否赞同你这么做。

如果你想帮助一个陌生人，你要先和信任的成年人商量一下，帮助他是否合适和安全。有时你身边会出现一些居心叵测的人。

不过，你还是可以在保证自己安全的情况下，做很多助人为乐的事。下面是一些建议：

- 你知道有些邻居由于身体不便而不能做一些事情吗？你能帮助他们吗？比如，你可以每周帮他们倒一次垃圾，主动帮助他们铲雪、遛狗。如果你的邻居想给你报酬，你可以让他们知道，你这么做也能给自己带来快乐。如果他们坚持付你报酬，你可以用这笔钱买一些他们需要的东西，在节假日或者他们生日时当作礼物送给他们，或者把这笔钱捐献给慈善机构。

- 如果你看见社区到处都是垃圾，你可以联系相关部门，请他们来清理垃圾。如果你自己动手清理这些垃圾，你要小心，因为有时候锋利的玻璃或者其他物品可能会伤到你。

- 如果你和朋友们想举办一场社区活动，要想清楚活动主题是什么，具体怎么实施。比如，你想举办一场活动，呼吁人们友好相处，你可以印一些海报，问问商店和饭馆是否愿意让你把海报贴在门店的玻璃上？

- 你认为孩子们在放学后需要集体活动的地方吗？如果你想为孩子们找到这个地方，可以让大家一起头脑风暴，比如，附近是否有少年宫、图书馆？你可以联系相应的工作人员，问问他们是否有这样的计划。如果没有，你可以和他们一起制订计划。如果需要一个成年人（比如父母）帮助你和他们沟通，你也别气馁。

虽然这个想法是你的，但是大人也可以感兴趣。

- 有些社区为老人或者生活不能自理的人提供了专门的护理机构。有时，这些地方鼓励孩子去养老机构做志愿者。你可以在音乐老师的帮助下，组建一个合唱团，去那里为他们唱歌。这对你来说很有意义，也会让那里的人们心情愉快。
- 你可以去图书馆做志愿者，为小朋友们读书。你也可以在幼儿园举行活动时问问是否需要你的帮助。当然，做这种事的前提是你喜欢小朋友。
- 如果你认识的一个成年人可以联系到社区医院，可以请他问问医院是否允许你和同学们为病人写祝福卡（你可能不知道病人的姓名，所以可以写不带姓名的祝福卡）。你会发现一个有趣的现象，那就是每一张卡有着神奇的魔力，它能让想念家的人和情绪低落的人高兴起来。

更大的世界：
有效制订计划，实现目标

你有没有想过，你可以去影响那些不认识或者不住在你附近的人？这看起来很难，但并不意味着不可能。

如果你真的想去做，那就尝试制订一个切实可行的目标。下面几点建议供你参考：

- 你或许想去帮助那些你认识的但又住得比较远的人。比如，你有个亲戚住得比较远，你定期都给他打电话或者寄送贺卡。如果这些关心让他感觉很温暖，很感激你，他也会用这些方式关心别人。

- 发挥语言的力量。如果在餐馆用餐，你要感谢热心的服务员。如果交警帮你指路，你也要真诚地谢谢他。如果你在商店里需要帮助，你可以使用"请"或"抱歉"这些礼貌用语，让别人感受到你对他的尊重。

- 如果你认识的一个人正遭受疾病的折磨，你想帮助他找到治疗的方法。即使你不知道该如何治疗，你也可以为他筹集资金。和父母商量一下，一起试着找一家治疗该疾病的机构，把你的想法告诉机构工作人员，问问他们是否正在为战胜疾病筹集资金？如果是的话，你可以问问他们是否有你能够参与帮助的途径（比如，他们可以给你寄一些材料，你可以分发给大家，并呼吁大家捐款）。

- 如果你想为一家慈善机构捐款，想想该怎么做。这里有一些建议：

    A. 可以捐赠一件你的生日礼物（如果这个慈善机构也资助儿童的话）。

B. 参加义卖活动，挣到钱后，把钱交给大人，然后写一封信，请大人帮助你把钱和信寄给慈善机构。

C. 积极参加慈善机构组织的公益募捐活动。

- 如果你想制止人们对某些群体的歧视行为，你可以在学校里践行平等和包容的理念，呼吁大家尊重和接纳差异。你可以联系有同样目标的团体，你的老师或许能给你提供这些团体的名称。

- 如果你有一个大目标，比如维护世界和平。你可以尝试在学校、社区找到跟你有相同目标的人。

确立目标肯定得投入时间和精力，但这个过程也很有趣。想象一下，你手里拿着一根魔杖，它能改变很多东西，让你的家、学校、社区或世界变得更加美好。有目标就是好的开始。

下一步，缩小你的目标范围，让它更加具体化，你就容易实现目标。还可以把目标分解成几个步骤，这样你就可以看到事情的进展，一步一步地接近你的目标。

小　结

这本书给你提供了很多方法,帮助你改变周围的世界。你可以把这些方法和你的实际情况结合起来,为实现目标而努力。如果你努力想成为一个挺身而出的人,请记住以下几点:

- 善待别人,更要善待自己。
- 学会应对压力,给别人树立一个积极应对压力的榜样。
- 如果遇到了危险情况或者你直接说出来会有很严重的后果,你要主动向大人寻求帮助。
- 练习换位思考、共情和助人为乐的技能。
- 善良和愤怒都是会传染的。
- 有时候谈判与妥协比争执更有价值。
- 如果你想改变一个规则,想一想它是真的不公平还是你不喜欢。找出这条规则存在的理由,想想改变它之后的利弊。
- 制订一个现实、具体、可实现的目标,把它分解成若干步骤。每当你完成一个步骤,你就会知道你离目标又近了一步。

- 实现目标的道路上会遇到很多挫折。当遇到挫折时，你要考虑目标是否切实可行。如果目标不现实或者需要花费很长时间才能实现，你可以暂停一下，重新设定一个切实可行且容易实现的目标或者改变你的策略。
- 如果你想让世界变得更美好，你也可以让更多人和你一起为这个目标努力。大家一起朝着好的方向努力会让团队成员产生自豪感。团队合作也会比你个人努力更容易成功。
- 如果你不知道怎么办或者遇到难题，请寻求别人的帮助。

这本书结尾了，但是它只是你探索之旅的开始。我们的世界需要那些敢于为和平和正义发声的人。恭喜你，你就正在成为这样的人！

作者简介

[美]温迪·L.莫斯，美国心理学博士，美国职业心理学委员会委员，美国学校心理学学会会员。拥有临床心理学博士学位、心理医生执照和学校心理学执照。她在心理学领域有超过30年的工作经验，在医院、社区、诊所和学校都工作过。著有《我要做自己：青少年自信和自尊提升手册》《我的青春期：青少年心灵成长指南》《我要更坚韧：青少年韧性培养手册》《学习可以更高效：如何减轻孩子的学习压力》等，她还是《学校心理学杂志》的特约评论员。

译者简介

李胜光，中国科学院心理研究所博士（认知神经科学专业），曾在认知与发展心理学研究室、脑与认知科学国家重点实验室工作，现就职于中国科学院心理研究所公共技术中心，是中国神经科学学会会员（学习与记忆专业委员会），中国心理学会会员。研究兴趣包括多感觉信息整合、学习与记忆、心理疾患的早期识别和干预。主持一项中国博士后自然科学基金项目，参与多项国家自然科学基金项目和一项科技创新2030-重大项目课题。发表SCI论文和核心期刊文章10余篇，并参与编写《中国大百科全书·心理学》（第三版）学科条目，从事科普相关工作，是国家公务员心理健康指导员，中国科学院心理健康巡讲专家。